国家自然科学基金项目(52404139)资助
山西省基础研究计划(自由探索类)青年项目(202203021212268)资助

间歇注水作用下花岗岩地热储层物理力学特性演化规律

李　春　著

中国矿业大学出版社
· 徐州 ·

内容简介

我国深层地热资源分布广、储量大，存在广阔的开发利用前景。本书以间歇注水地热开采为研究背景，开展了冷热交替循环作用下花岗岩物理力学特性演化规律研究，阐明了冷热交替循环作用下高温花岗岩物理力学性能弱化规律；分析了热-力耦合作用下花岗岩裂隙萌生-扩展-延伸过程，揭示了冷热循环交变应力对花岗岩损伤破裂的影响机理；探究了冷却方式、温度梯度、循环次数对花岗岩裂隙分布及渗流规律的影响机理，明晰了储层裂隙演化及优势渗流路径形成机理。

本书可作为高温岩石力学相关专业的高等学校教师、科研人员及地热开采工程设计人员的参考用书。

图书在版编目(CIP)数据

间歇注水作用下花岗岩地热储层物理力学特性演化规律 / 李春著. — 徐州 ：中国矿业大学出版社，2025.4. — ISBN 978-7-5646-6794-8

Ⅰ. P314

中国国家版本馆 CIP 数据核字第 2025ZG9063 号

书　　名　间歇注水作用下花岗岩地热储层物理力学特性演化规律
著　　者　李　春
责任编辑　李　敬
出版发行　中国矿业大学出版社有限责任公司
（江苏省徐州市解放南路　邮编 221008）
营销热线　(0516)83885370　83884103
出版服务　(0516)83995789　83884920
网　　址　http://www.cumtp.com　**E-mail**:cumtpvip@cumtp.com
印　　刷　徐州中矿大印发科技有限公司
开　　本　787 mm×1092 mm　1/16　**印张** 9.25　**字数** 181 千字
版次印次　2025 年 4 月第 1 版　2025 年 4 月第 1 次印刷
定　　价　41.00 元

前　言

地热能作为一种清洁、绿色、可再生能源,越来越受到各国研究学者的关注与重视。我国深层地热资源分布广、储量大,具有广阔的开发利用前景。在地热能开采的过程中,无论是井筒的钻进,还是间歇注水开采,都会涉及高温岩体的冷热交替作用,而在冷热交替的作用下岩体必然产生损伤劣化进而引起其物理力学性质的变化,一方面会对高温岩体钻进过程中井筒的稳定性产生不利的影响,另一方面对热储层裂隙网络通道的进一步扩展及新裂隙的产生起到有利的促进作用。因此,基于间歇注水地热开采过程中所涉及的人工储留层冷热交换这一实际过程,探究不同温度下花岗岩在经历冷热交替作用后的物理力学性质变化规律,对于进一步认识高温岩石的物理力学性质并揭示其在冷热交替作用下的变化规律及破裂机理具有重要的意义,同时可以为高温地热开发中井筒的稳定性及间歇注水地热开采时人工热储层的建造提供理论依据。

高温花岗岩物理力学特性及裂隙演化规律与地热开采中的换热效率紧密相关,国内外学者对花岗岩高温力学行为进行了大量卓有成效的研究工作。针对花岗岩物理力学特性,学者们通过室内试验、理论分析和数值模拟等手段开展了广泛研究,但是对于间歇注水地热开采过程中冷热交替作用下花岗岩物理力学特性演化规律研究尚不充分。针对高温花岗岩损伤破裂机理方面,学者们对不同温度作用后的花岗岩开展了单轴抗压试验和巴西劈裂试验,分析了温度对花岗岩裂纹损伤、强度和变形破坏行为的影响规律,但对于冷热交替循环作用下花岗岩累积产生的内应力分布特征及其对损伤破裂的影响机理方面的研究很少,有待于进一步开展研究。针对热-力耦合作用下花岗岩裂隙动态扩展机制方面,国内外学者从微细观的角度对高温花岗岩裂隙扩展及动态演化开展了广泛研究,普遍认为花岗岩损伤裂隙的产生是由于矿物晶粒之间的非均匀膨胀所致,但对于冷热交替循环作用下累积损伤裂隙扩展研究较少,对于不同温度、冷却方式、循环次数对花岗岩裂隙演化的影响机理缺乏深入的认识。针对高温花岗岩裂隙网络渗流特性演变规律方面,国内外学者普遍对高温作用后的岩石开展了热-力耦合渗流试验,但是对间歇注水下温度梯度、有效应力、循环次数等对渗透演化的控制作用方面的研究不够深入,对不同温度冷热交替循环作用下花岗岩微裂纹分布特征及优势渗流路径演化规律认识不清。另外，在干热岩系统的储层改造及间歇注水地热开采过程中存在多次冷热交换，目前对于不同温度冷热交替作用下花岗岩的物理力学特性变化规律认识还有待深入研究。

针对上述问题，本书首先利用自主研制的多功能伺服控制高温岩石三轴试验机，对不同温度冷热交替后的花岗岩开展了实时温度下的单轴抗压试验，分析冷热交替循环作用下花岗岩热应力分布特征，揭示不同温度、循环次数、温度梯度等因素作用下花岗岩物理力学性能的弱化规律，阐明影响储层裂隙演化的主控因素；然后将其与常温状态下的试验结果进行对比分析，着重研究花岗岩在温度作用下产生的热应力对单轴抗压强度的影响，分析热-力耦合作用下花岗岩裂隙萌生-扩展-延伸过程，揭示花岗岩应力传递规律及裂纹扩展机制；最后对不同温度冷热交替作用后的花岗岩开展了渗流试验，揭示不同温度及冷热交替作用后花岗岩渗透率的演化规律，并通过扫描电镜、显微薄片等在微细观方面对其内部损伤劣化机理进行了研究。

本书共分为 7 章。第 1 章详细阐述了间歇注水地热开发高温花岗岩物理力学特性研究现状。第 2 章着重探究了不同温度和冷却方式对高温作用后花岗岩物理力学特性影响规律，具体开展了自然和遇水两种冷却方式下不同温度冷热循环作用后花岗岩的物理力学性质测试，分析了不同温度冷热循环作用后花岗岩表观颜色、纵波波速、质量损失率及应力-应变曲线、单轴抗压强度、弹性模量、破坏特征演化规律。第 3 章着重研究了冷热交替循环作用后花岗岩抗拉强度及变形破裂声发射特征，研究了不同温度冷热交替作用后花岗岩纵波波速、抗拉强度、声发射特征演化规律，结合试件破裂演化特征，分析了两种冷却方式下温度和循环次数对花岗岩抗拉强度及损伤演化特征的影响规律。第 4 章利用自主研制的多功能伺服控制高温岩石三轴试验机，对不同温度冷热交替作用后的花岗岩开展了实时温度下的单轴压缩试验，对比分析了高温作用下和常温作用下花岗岩单轴抗压强度和弹性模量随循环次数的演化规律，探究了两种冷却方式下产生的热应力对花岗岩物理力学特性的影响机理。第 5 章采用室内试验与微细观分析相结合的方法，对不同温度冷热交替循环作用后的花岗岩开展了渗流试验，分析了试件在不同围压下渗透率随温度及循环次数的变化规律；结合显微薄片特征和 SEM 观测结果，研究了微观孔裂隙结构随温度及循环次数的演化过程。第 6 章对不同温度冷热交替循环作用后的花岗岩开展了 CT 扫描试验，分析了花岗岩细观结构及其内部孔裂隙演化特征，揭示了冷热交替循环作用下花岗岩内部裂隙起裂-扩展-延伸-贯通过程，研究了连通裂隙和渗流路径随温度和循环次数的变化规律。第 7 章对主要结论进行了概括总结，提出了研究展望。

本书主要是作者多年来在太原理工大学学习及工作期间通过主持的国家自然科学基金项目(52404139)和山西省基础研究计划(自由探索类)青年项目(202203021212268)所取得的研究成果。

本书能够顺利完成,需要感谢太原理工大学胡耀青教授和靳佩桦讲师、太原科技大学孟涛副教授、四川大学冯淦副教授、山西能源学院胡跃飞讲师的指导与支持。

由于作者水平有限,书中难免有疏漏和不妥之处,恳请前辈及同仁不吝赐教。

作　者

2025 年 1 月 16 日

目　录

第1章　绪论 …… 1
1.1　研究背景及研究意义 …… 1
1.2　国内外研究现状 …… 3
1.3　主要存在的问题 …… 10
1.4　研究内容及技术路线 …… 11

第2章　不同温度和冷却方式作用后花岗岩物理力学特性试验研究 …… 13
2.1　试验试件及设备 …… 13
2.2　不同温度和冷却方式作用后花岗岩物理特性的试验研究 …… 17
2.3　不同温度和冷却方式作用后花岗岩力学特性的试验研究 …… 21
2.4　不同温度和冷却方式作用后花岗岩破裂模式分析 …… 28
2.5　本章小结 …… 31

第3章　冷热交替作用后花岗岩物理力学特性试验研究 …… 32
3.1　试验概况 …… 32
3.2　冷热交替作用后花岗岩抗拉强度试验结果分析 …… 35
3.3　冷热交替作用后花岗岩劈裂破坏声发射特征分析 …… 48
3.4　本章小结 …… 55

第4章　冷热交替作用后花岗岩在不同状态下的物理力学特性试验研究 …… 57
4.1　试验设备及过程 …… 57
4.2　冷热交替作用后常温下花岗岩力学特性的变化规律 …… 62
4.3　冷热交替作用后高温下花岗岩力学特性的变化规律 …… 71
4.4　冷热交替作用后常温与高温下单轴压缩结果对比分析 …… 79
4.5　本章小结 …… 82

第 5 章 不同温度冷热交替作用后花岗岩渗流特性及其细观特征 …………… 84
5.1 花岗岩渗透率随温度及交替次数的变化规律 …………………………… 84
5.2 不同温度冷热交替作用后花岗岩矿物成分的变化 ………………………… 91
5.3 扫描电镜观测花岗岩在冷热交替作用后的破坏形态 ……………………… 94
5.4 通过显微薄片观测花岗岩在冷热交替作用后的破坏形态 ……………… 101
5.5 本章小结 ……………………………………………………………………… 105

第 6 章 冷热交替作用后花岗岩孔裂隙微观演变特征重构 ………………… 106
6.1 试验概况 ……………………………………………………………………… 106
6.2 数字岩心微观孔裂隙结构特征试验结果分析 ………………………… 110
6.3 基于交替损伤下干热岩人工热储层演变特征综合分析 ……………… 119
6.4 本章小结 ……………………………………………………………………… 122

第 7 章 结论与展望 ……………………………………………………………… 124
7.1 主要结论 ……………………………………………………………………… 124
7.2 不足与展望 …………………………………………………………………… 126

参考文献 ………………………………………………………………………… 127

第1章 绪 论

1.1 研究背景及研究意义

近年来，随着社会经济与科学技术的快速发展，能源消耗比重逐渐升高，能源短缺问题成为世界各国重点关注的热点话题，同时煤炭、石油、天然气等不可再生化石能源的过度开发利用所带来的环境问题日益严重，在当今能源日趋紧缺和人类环保意识日益增强的情况下，清洁、绿色、可再生的地热能越来越受到各国研究学者的关注与重视[1]。地壳中的地热能储量丰富，根据初步测算，地壳中 3～10 km 深处干热岩所蕴含的能量极其可观，相当于全球所有石油、天然气和煤炭所蕴藏能量的 30 倍左右，同时其具有利用效率高、开发成本低、占地面积小和对环境友好的特点[2]。目前，在绿色发展和生态文明建设的背景下，能源生产与消费革命向纵深推进，大力发展非化石能源已成共识，我国已经将地热能源的开发利用及开采建设工作提高到了国家战略层面。

地热开发及热量提取的过程涉及热能的交换(图 1-1)，其过程是在地表将冷水通过注入井注入高温岩体热储层中，水在热储层中流动的同时会与周围高温岩体进行热交换，其温度不断升高，然后通过出水井将其抽出进行发电、供暖等再利用[3]。高温岩体热储层的岩性大多为花岗岩[4-5]，其中将采用人工建造的水与高温岩体进行热交换的区域称为人工储留层[6]，该区域的换热方式及效率对于地热能的产值具有重要的影响。冷水进入高温储留层中必然会对高温岩体产生一定的冲击作用，高温岩体在温度降低的同时其物理力学性质必然会发生改变，例如在热交换的过程中岩体温度降低时，由于其内部矿物颗粒收缩系数不同可能会造成损伤，产生大量的裂纹，而新生的裂纹作为渗流传热的通道进一步促进了热量的交换，热量传递的过程又进一步促进了裂纹的扩展延伸，产生二次、三次或更多次的破裂，直至达到平衡状态。另外，在地热能开采过程中，无论是在高温岩体中的钻进，还是冷水与热储层的热交换，都涉及高温岩体的冷热交替作用，而在冷热交替的作用下岩

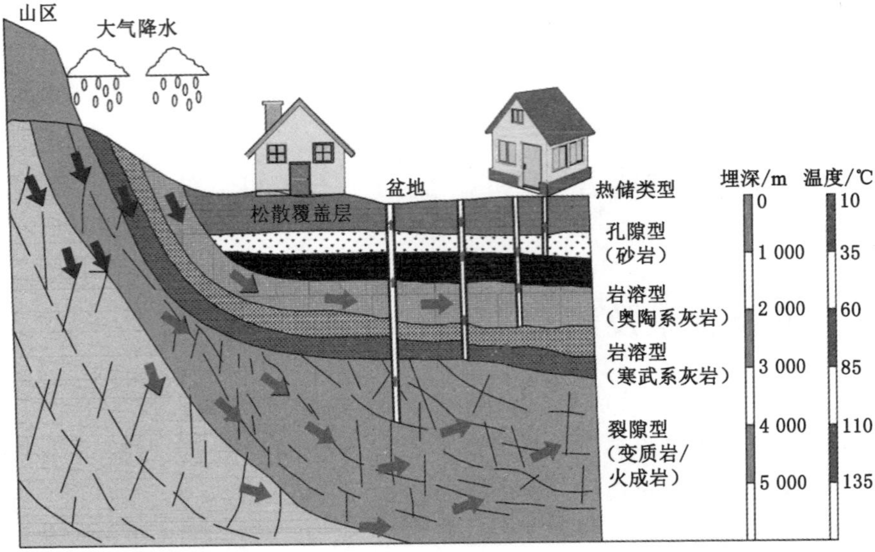

图 1-1　地热能开发利用过程图[3]

体必然产生损伤劣化进而产生物理力学性质的变化，这一方面会对高温岩体钻进过程中井筒的稳定性产生不利的影响，另一方面对热储层裂隙网络通道的进一步扩展及新裂隙的产生起到有利的促进作用。

在地热开采中，交替往复的冷热水对周围岩体势必会产生损伤，所以研究高温条件下花岗岩在不同冷热交替次数下的力学行为和损伤破裂机理十分重要[7]。针对地热开采过程中所涉及的人工储留层冷热交换这一实际过程，提炼出所涉及的关键科学问题，即高温花岗岩在经历冷热交替作用下的物理力学性质的变化，这对于进一步认识高温岩石的性质并揭示其在冷热交替作用下变化的规律及破裂机理具有重要的意义，同时可以为高温地热开发中井筒的稳定性及人工热储层的建造提供理论依据。

为了提高地热开采中有效热能的产值，研究获得不同交替温度与冷却方式作用后花岗岩力学特性的变化规律及其机理、冷热交替作用下花岗岩的破裂特征、冷热交替过程中裂隙的演化规律，可为地热开发数值模拟提供一定的力学参数，最终为后续的地热开采中换热方式的选取提供一定的参考依据。

1.2 国内外研究现状

1.2.1 干热岩开发的研究现状

干热岩是指埋深在 1 km 以下，温度一般大于 200 ℃，岩石内部没有或有少量的流体或水蒸气的热岩体[8]。地热既是清洁环保的非化石能源，也是稳定可靠的本土能源[9]，我国广袤的国土之下赋存着丰富的地热资源。地热开采最早始于美、法、德、英、日、澳等国家[10-12]，累计发电能力约 12.2 MW，由于技术及成本等限制，还没有一个完全规模化、商业化正式运行的干热岩项目[13]。国际上通用的干热岩开发技术，又叫增强型地热系统(EGS)，是为开发具有经济价值的地热资源而创建的人工热储井采热的系统。

我国针对干热岩的勘探开发基本上仍处在勘查阶段[14]，主要集中在青海共和、福建漳州、松辽盆地等地区。与其他清洁能源供暖方式相比，地热项目运行成本较低，给农户造成的经济负担较小，但对企业而言，初始投资相对较高，投资回收期较长，但地热资源收益具有稳定性和持续性等特点。

“地热”是地热资源的简称[15]，指能够经济地被人类所利用的地球内部的热资源。地热能是来自地球深处的可再生热能。地球本身是一个大锅炉，深部蕴藏着巨大的热能。在地质因素的控制下，这些热能会以热蒸汽、热水、干热岩等形式向地壳的某一范围聚集，如果达到可开发利用的条件，便成了具有开发意义的地热资源。地热资源按其成因和产出条件分为浅层地温能型、水热型和干热岩型地热资源。浅层地温能指的是蕴藏在地表以下一定深度范围内岩土体、地下水和地表水中具有开发利用价值的热能，多直接利用，如取暖等；水热型地热资源赋存于高渗透型的孔隙或裂隙介质中，多与年轻火山活动或高热流背景相伴生形成高温水热系统，通过对水热系统中流体的开采即可获取热能；干热岩则是指地下高温但孔隙度和渗透性低且缺少流体的岩体，储存于干热岩中的热量需要通过人工压裂形成增强型地热系统才能开采。

地热资源按温度可分为高温、中温和低温三类[16]。温度大于 150 ℃的地热以蒸汽形式存在，叫高温地热；温度为 90～150 ℃的地热以水和蒸汽的混合物等形式存在，叫中温地热；温度大于 25 ℃、小于 90 ℃的地热以温水(25～40 ℃)、温热水(40～60 ℃)、热水(60～90 ℃)等形式存在，叫低温地热。高温地热一般存在于地质活动性强的全球板块的边界，即火山、地震、岩浆侵入多发地区。中低温地热田广泛分布在板块的内部，我国华北、京津地区的地热田多属于中低温地热田[17-18]。

在地热能开采过程中，无论是高温岩体的钻进，还是冷水与热储层的热交换，都涉及高温岩体的冷热交替作用，这对高温岩体钻进过程中井筒的稳定性产生不利的影响，而对热储层裂隙网络通道的进一步扩展及新裂隙的产生起到有利的促进作用，在此过程中，高温岩体冷热交替作用后的物理力学特性的变化起到至关重要的作用。

针对上述一系列涉及高温环境的岩石工程问题，本书对花岗岩试件在经历高温后的物理力学性质及微观结构的变化特征进行了系统试验研究，并结合微观破裂特征揭示了岩石的热损伤机制和宏观参数变化的内因[19]。

1.2.2 高温花岗岩物理力学特性的研究现状

在漫长的地质活动中，岩体将不再完整，而是含有各种各样的缺陷(微裂纹、孔隙裂隙)。这些缺陷使岩体的力学参数被弱化，且其几何参数往往影响并决定着岩体的物理力学特性，并最终影响岩体的稳定性。因此，深入研究在不同温度及冷却方式作用下岩石的物理力学性质的变化，是保证岩体工程结构安全与长期稳定的基础，一些学者开展了相关的力学特性研究[20]。

杜守继等[21]对花岗岩经历不同高温后的纵波波速进行分析，发现随着温度的升高，花岗岩的纵波波速逐渐降低，温度越高，降幅越大。Dwivedi 等[22]研究了花岗岩在 160 ℃内的热力学性质、渗透率、裂纹演化规律等，并总结了花岗岩的热力学性质在核废料选址中的应用。Yang 等[23]进行了高温处理后花岗岩的单轴压缩试验，评估了温度对花岗岩裂纹损伤、强度和变形破坏行为的影响，发现花岗岩的裂纹损伤门槛值、强度和静弹性模量均在 300 ℃时最高，之后到 800 ℃，强度和静弹性模量随着温度升高迅速下降。Guo 等[24]采用三轴试验机研究了不同围压应力(0.1～60 MPa)下花岗岩力学性能随温度(30～150 ℃)的变化规律，根据损伤理论，建立了花岗岩弹性模量和泊松比的损伤方程。Kumari 等[25]在 4 种不同围压和 4 种不同温度下对澳大利亚 Strathbogie 花岗岩进行了一系列高压、高温三轴试验，发现温度升高导致储层强度和剪切参数初始增加随后减小，其趋势与岩体的裂隙变形模式一致。Yin 等[26]对花岗岩进行了高温高压冲击加载试验，并利用扫描电镜(SEM)观察了在不同温度下花岗岩的内部结构特征，发现纵波速度随着温度的升高呈下降趋势，与 100～300 ℃相比，25～100 ℃温度下试件的单轴抗压强度显著降低。Yin 等还研究了实时温度及温度作用后花岗岩力学特性的变化规律，发现实时高温状态下的脆-韧转变临界温度较低、致密化阶段较长、弹性模量较小、损伤较大，在 100 ℃以下时，花岗岩在两种条件下的破坏模式是相同的，呈现劈裂破坏，但 100 ℃后，花岗岩在高温处理后和高温下的破坏模式分别表现为劈裂破坏和剪切破坏。Shao 等[27]通过试验得出，花岗岩的塑性及峰后特性在 800 ℃以后出现，脆塑性转变在 600～800 ℃。Chen 等[28]对高温后花岗岩的应力-应变特性进行了研究，发现 400 ℃是一个临界温度值，低于 400 ℃时，温度对花岗岩的应力和应变峰值、弹性模量影响较小，高于 400 ℃时影响明显。蒋海昆等[29]研究了不同温度条件下花岗岩在 40 MPa 围压下的变形破坏，发现随环境温度的升高，岩石强度降低，破坏方式从突发式失稳逐渐转变为渐进式失稳，破坏类型亦从脆性剪切破裂逐渐转变为半脆性、半延性和延性破坏。徐小丽等[30-31]对实时高温作用下和高温作用冷却后花岗岩试件单轴受压破坏全过程进行了试验研究，发现实时高温作用下，花岗岩强度等力学性质连续劣化，高温作用冷却后，花岗岩在 200～600 ℃的温度区间内出现了一个随温度升高强度不降反增的异常现象。杨昊天等[32]研究了花岗岩在 20～120 ℃时的三轴力学特性，发现在 20 ℃到40 ℃ 的范围，弹性模量随温度升高而降低，泊松比随温度升高而升高。赵阳升等[33]研究发现高温高压下花岗岩中钻孔变形随温度和应力的增大表现为明显的不同阶段。万志军等[34]研究了高温及三轴应力下花岗岩力学特性，发现花岗岩的热变形可分为低温缓慢变形段、中高温快速变形段及高温平缓变形段 3 个阶段，弹性模量随温度升高先缓慢减小，然后快速减小。王鸿等[35]、李成杰等[36]对岩石交替载荷条件下塑性滞回环的演化规律进行了研究，得出塑性滞回环从第 2 次交替起可能将趋于稳定以及塑性滞回环随着交替次数的变化规律。考虑到温度的影响，夏才初等[37]对玄武岩在循环单轴应力-温度作用下的力学性质进行了试验研究，得出循环应力和循环温度作用具有“叠加”效应，破坏方式与交替应力上限和温度有关。胡广等[38]以逐级增加载荷的方法研究了交替载荷作用下花岗岩弹性模量演化规律，得出同一个应力水平切线模量随循环次数增加呈先增大后降低的趋势。许江等[39]研究发现循环加卸载条件下，加载曲线段的位移变化量在第 1 次循环期间变化较大，但从第 2 次循环开始其位移变化量并不明显，而卸载曲线段的位移变化量在整个循环加卸载过程中的变化都不明显。王建国等[40]认为循环载荷作用下岩石的变形经历 3 个阶段，即均匀阶段、局部化阶段和破坏阶段，加载方式为正弦波，试验中应力上限为 130 kN，下限为 10 kN，循环 50 次后试件破坏，同时该文采用试件表面的散斑图像进行处理，得到变形场演化过程。赵阳升课题组[41-49]多年来针对干热岩开发领域的高温岩体进行了研究，主要成果为：① 系统揭示了以花岗岩为主的高温岩体流变特性、热膨胀特性、变形特性、破坏特征、热冲击特性与温度交替作用特性；② 揭示出高温岩体深部钻井施工的冲击和钻削组合破岩规律与钻孔变形及破坏特征、钻孔失稳的临界温度和压力组合条件；③ 揭示了高温下岩石动力破坏特征与强度劣化特征；④ 提出了高温岩体地热资源勘查评价的方法与中国高温岩体地热资源地质类型的划分方案；⑤ 建立了高温岩体地热开采的随机非均质固热耦合数学模型，并进行了模拟研究，揭示出地热开采中巨型岩体递进热破裂规律、热量迁移与寿命规律，为我国高温岩体地热开采提供了系统的理论指导。

朱合华等[50]研究了高温作用后岩石在动静荷载作用下，峰值应力、峰值应变、弹性模量等力学特性的变化。王朋等[51]研究了水中快速冷却对花岗岩高温残余力学性能的影响，花岗岩水中快速冷却后的峰值应变小于自然冷却后的峰值应变，说明高温状态的花岗岩在水中快速冷却后，其脆性比自然冷却后的更加明显。这些研究成果在不同程度上揭示了花岗岩在冷却作用下力学特性的变化规律。

许锡昌等[52]研究了花岗岩在实时温度作用下的强度、弹性模量与泊松比等力学参数，通过试验得出 75 ℃、200 ℃分别是花岗岩弹性模量和单轴抗压强度的门槛温度，泊松比随温度的升高而增加。朱栋等[53]研究了花岗岩在交替加热和水冷却条件下的力学特征，结果表明：试件的基本力学参数均随着温度的升高和循环次数的增加呈劣化趋势，其中温度对试件的劣化程度起主要作用。杜彬[54]研究了干湿交替作用下红砂岩动态拉伸力学性能，结果表明：干湿循环对红砂岩动静态抗拉强度有明显的劣化作用，其抗拉强度随干湿循环次数的增加逐渐降低。赵国凯等[55]研究了实时温度与循环荷载作用下花岗岩单轴力学特性，结果表明：实时温度（100～600 ℃）下花岗岩的单轴抗压强度和弹性模量随温度升高总体上呈下降趋势。胡跃飞等[56]研究了花岗岩在 100～600 ℃和应力循环过程中力学特性的变化规律，结果表明：随着循环次数的增加，其弹性模量逐渐减小。倪骁慧等[57]对经历 20～600 ℃ 5 种温度循环后的大理岩进行单轴压缩试验和细观损伤特征量化试验，研究了岩石的细观损伤特征与宏观力学性质的对应关系，得出经历不同温度循环的大理岩单轴压缩后产生的微裂纹主要由沿晶裂纹、穿晶裂纹及晶内裂纹组成。Zhu 等[58]、Zhang 等[59]均进行了岩石在热处理后的物理力学特性的试验研究，得出了温度的变化对岩石的物理力学性质起到了重要的作用。Wang 等[60]研究了花岗岩在温度作用下的声发射能量特征以及破坏模式，得到了随着温度的升高，破坏模式变得更加复杂。Wang 等[61]研究了花岗岩在循环加载下的力学性能和破裂演化规律，得出了在单轴和双轴循环荷载下的应力-应变曲线是凹进的，但后者的凹进度较小。Tian 等[62]进行了热处理后花岗岩微观与宏观力学行为的单轴压缩试验，发现温度低于 300 ℃时微裂纹在试件内是随机分布的，高于 600 ℃时出现宏观裂纹，颗粒间的裂纹比颗粒内的裂纹多。靳佩桦等[63]对经过不同温度下的花岗岩自然冷却和遇水急剧冷却后的物理力学特性进行了对比分析，发现随着经历温度的升高，急剧冷却后试件的密度、纵波速度、抗压强度、弹性模量及抗拉强度均单调下降，渗透率先缓慢后急剧增加。

以上学者都主要针对单次温度处理或循环作用后常温状态下花岗岩的力学特性进行研究，而对经受冷热循环作用后实时高温状态下花岗岩力学特性的变化研究甚少，因在地热开采中，高温及低温都会导致花岗岩力学特性的变化，所以本书在已有研究成果的基础上，采用自主研制的多功能高温岩石三轴伺服控制试验机，对经历不同温度、不同冷却方式循环作用后，不同实时温度作用下花岗岩进行单轴压缩试验，通过对比自然冷却和水冷却后花岗岩的宏观和微观变形破坏特性及力学特性，得出花岗岩应力-应变曲线、峰值强度、峰值应变、弹性模量及破坏特征等的变化规律。因在漫长的地质演化过程中花岗岩都要经历多次冷热循环的应力以及热作用，温度的不断变化对岩石内部产生的损伤最终将会发展成为工程破坏失稳，故本书通过对比分析不同温度交替与冷却方式作用后花岗岩力学性能的变化规律，研究花岗岩的交替损伤特征，深入研究冷热交替处理后花岗岩的演变规律和各力学性能变化的特征，也为后续的工程开发提供一定的参考依据。

1.2.3 高温花岗岩微细观试验的研究现状

近年来，地热资源的开发与利用越来越受到广泛的重视[64]，我国已经将地热开采的建设工作提升到了国家战略层面[65]。地热能开采过程中，无论是高温岩体的钻进，还是冷水与热储层的热交换，都涉及高温岩体的冷热交替作用，这对高温岩体钻进过程中井筒的稳定性产生不利的影响，而对热储层裂隙网络通道的进一步扩展及新裂隙的产生起到有利的促进作用。在此过程中，高温岩体冷热循环作用后微细观方面的变化起到至关重要的作用，所以本书开展不同温度的高温花岗岩受不同方式的冷热循环后其微细观方面变化的研究，揭示其变化的规律及机理，为高温地热开发中井筒的稳定性及人工热储层的建造提供理论依据。

程志林等[66]对数字岩心微观结构特征及其对岩石力学性能的影响进行了研究，结果表明岩石孔径分布各异，骨架和孔隙都具有分形特征，浑圆孔隙占比相对较小。岩石变形模拟试验中，由于端部束缚作用强，出现了严重的端部效应，在中部形成了X形的共轭塑性剪切带，且其会不断发展直至岩石破坏；不规则孔隙的存在，使得岩石内部应力集中现象明显，塑性变形区域分布极不均匀；岩石轴向上具有整体平移的特点，侧向变形严重，变形带之间过渡区域位移梯度较大;X 形剪切带的下部,形成了位移较小的拱形弹性变形区。岩石有效弹性模量与孔隙度和孔隙分形维数具有良好的相关性,随着孔隙度的增加,有效弹性模量几乎呈指数递减,孔隙度对岩石力学性质影响巨大。孔隙分形维数越大,有效弹性模量大体上逐渐变小。该研究从孔隙尺度揭示了岩石微观结构的变形机制,对岩石宏观性质的研究具有重要的指导意义。陶明等[67]进行了冲击荷载下花岗岩层裂断口微细观试验研究,结果表明:花岗岩的矿物细观结构对层裂破坏具有重要影响,其中,长石、石英、云母作为花岗岩的主要成分,表现尤为突出;同时,这些矿物的分布也影响着细观裂纹的扩展。Zuo 等[68]利用高温扫描电镜(SEM)测试系统,对北山花岗岩在 125～600 ℃温度下热处理后的断裂行为进行了现场试验研究,得出经不同温度的热处理后花岗岩表面出现热破裂的微裂纹且晶粒不均匀膨胀,微裂纹的初始方向和主要裂纹扩展路径受矿物颗粒形状和温度分布的影响。

现如今 CT(computed tomography)技术已成为成熟的成像技术之一。该技术可以对多孔材料的内部进行无损检测,同时可以很好地反映出岩石材料的内部细观结构,所以应用越来越广泛。为了准确获取花岗岩细观结构的特征,并且对岩石宏观力学性质进行清晰的认识,根据不同物质种类和密度的样品对 X 射线的衰减系数不同,将不同的衰减系数转变为图像上的灰度分布,即可得到物体内部剖面的 CT 图像,其本质是 X 射线衰减系数成像[69]。基于 CT 的三维数字化岩心重建技术重点是描述岩心内部孔隙空间的发育特征,其关注的是孔隙结构而不是材料的结构[70]。于庆磊等[71]利用数字图像处理技术数字化描述岩石内部矿物颗粒的几何形态,充分考虑了岩石内部真实的细观结构,结合细观损伤力学和热弹性理论,进行了能更客观地分析岩石热-力耦合作用下破裂过程的数值模拟,结果表明:温度对岩石的力学性质和破裂演化过程影响显著,热破裂裂纹多发生在矿物颗粒边界处,并沿颗粒边界扩展,局部会形成闭合多边形。近年来,CT 技术在岩石细观力学研究方面也逐步得到应用[72]。程志林等[66]通过 CT 扫描与图像处理,获得可反映岩石内部矿物组分的高精度 CT 图像,得到诸多岩石细观结构特征参数,如孔隙率、孔隙结构、岩石矿物组分、形态、空间分布等。采用 CT 扫描实现岩石三维模型的重构与定量分析,为岩石细观结构特征、细观参数变异性、断裂行为和数值模拟等研究提供了有力的工具。赵阳升等[73-74]采用太原理工大学与中国工程物理研究院自行研制的 μCT225kVFCB 型高精度显微 CT 系统对花岗岩在常温至 500 ℃高温下的三维细观破裂进行了显微观测,发现 200 ℃时极少数微裂纹开始发育,300 ℃时部分裂纹搭接形成较大裂纹,裂纹长度增加 10 倍左右,500 ℃时包围花岗岩晶体颗粒的封闭多边形裂纹几乎全部形成,并且90%以上是沿着岩石颗粒周边弱的胶结界面上发生的，仅有极少数热破裂裂纹是穿透岩石颗粒的。

高红梅[75]对岩石高温作用后的孔隙度和渗透率进行试验研究，发现两个参数均随着温度的升高而增大，其中渗透率呈指数函数增长，并存在着温度门槛值。闫治国等[76]对经受不同高温后熔结凝灰岩、花岗岩及流纹状凝灰角砾岩的波动特性进行了研究，分析比较了三种岩石纵波波速、密度、弹性模量及峰值应力随温度的变化规律，并研究了纵波波速与密度、弹性模量、峰值应力的关系。

1.2.4 高温花岗岩抗拉强度试验的研究现状

近年来，地下岩体工程的开发（如深部岩体的开采、核废料的储存、矿山火灾后的重建与修复以及高温地热开采等）逐渐成为研究的重点[64-65]。地下温度的反复变化对岩体产生的影响是不容忽视的，而温度又是影响岩石物理力学性质的重要因素之一，因此，研究温度交替作用后岩石的抗拉强度等力学特性，对岩体工程的稳定性及建造具有重要的意义。

针对岩石的抗拉强度，国内外学者基于岩石抗拉强度试验进行了大量的研究，并且取得了丰硕的成果。苏晓波等[77]研究了巴西劈裂条件下似斑状花岗岩试件力学及声发射特征，结果表明：随着加载的不断进行，声发射计数整体活动性逐渐增强，计数的变化随时间进程呈现出起伏上升的规律，并且逐渐由稀疏变得密集。还有学者从温度影响的角度研究了岩石的抗拉强度。针对温度的影响，闵明等[78]比较分析了不同温度（25～1 000 ℃）作用下北山花岗岩宏微观的破坏特征、荷载-位移曲线、抗拉强度以及全过程声发射特征；Kumari等[79]研究了不同温度处理后的花岗岩拉伸特性，表明快速冷却后的试件比缓慢冷却的试件受到的影响要大，由于受到热冲击的影响，当温度达到573 ℃时，花岗岩石英矿物由α相向β相转变，使得花岗岩的强度变小；支乐鹏等[80]测试了温度为25～1 000 ℃的花岗岩，发现其纵波波速、超声波以及抗拉强度都与温度的变化密切相关。还有学者从不同冷却方式的角度进行了研究。梁铭等[81]研究了不同冷却方式对高温花岗岩巴西劈裂特性的影响，分析了自然冷却与水冷却作用后花岗岩物理特性参数以及纵波波速的变化，结果发现当热处理温度为25～200 ℃时，两种冷却作用对花岗岩的纵波速度以及强度特性影响较小；Wu等[82]对经历加热-冷却处理后的花岗岩开展了拉伸力学特性试验，结果表明：较高冷却速率下花岗岩会更容易受加热-冷却的影响，400 ℃以下时试件受到的影响较小，当温度大于600 ℃时，水冷却试件的抗拉强度最低，其次是自然冷却试件，最后是烤箱冷却试件；Zhao

等[83]对 100～400 ℃两种冷却方式下的花岗岩开展了抗拉强度试验，发现当温度低于 300 ℃时，三种岩石的抗拉强度变化较小，而当温度为 400 ℃时，三种岩石的抗拉强度显著减小；衡帅等[84]通过巴西劈裂试验，系统地研究了张拉作用下不同层理方向页岩裂缝的扩展演化形态，探讨了裂缝的扩展演化机制及层理方向效应；杜梦萍等[85]开展了页岩巴西劈裂试验，基于试验获得了页岩裂纹萌生、扩展和贯通的变形场实时演化的特征，探究了层理方向对页岩起裂时间、空间位置、扩展规律及破裂机制的影响；赵娜等[86]采用高速摄像机记录裂纹扩展过程，得到试件裂纹扩展过程中应变场的演化情况，结果表明：岩石的非均质性即内部微缺陷、微裂纹使得泥岩试件的开裂并不是沿着中心直径方向，而是偏离一定的角度，初始偏离角度约为 17°；杨圣奇等[23,87]通过研究得出 400～600 ℃可能为花岗岩受热损伤由脆性转向延性的阈值温度。

由以上的分析可以看出，国内外学者对于不同温度的花岗岩抗拉强度与破坏模式做了大量研究，而对于不同温度冷热交替作用后花岗岩的劈裂特征、损伤特性及能量演化研究相对较少，且温度对花岗岩物理力学特性的影响研究大多集中在一次冷却作用后，而温度交替冷却作用后的研究甚少，因此有必要进一步开展试验进行探究。

1.3 主要存在的问题

对于地热开采而言，花岗岩裂缝扩展演化规律与开采中的换热效率紧密相关，同时也是影响地下工程安全性与稳定性的关键所在，目前国内外部分学者针对此问题进行了相关的研究，并取得了一定的进展，但以下几方面仍需完善和深入研究：

(1) 大多数学者集中对花岗岩在不同温度作用后的特性进行研究，然而在干热岩系统的储层改造及长期生产过程中，经常是多次反复提取热量的，对不同温度冷热交替作用下花岗岩特性的变化规律还有待深入研究。

(2) 针对不同冷却方式下花岗岩特性的对比研究也比较缺乏。

(3) 对温度作用后花岗岩微观特性的变化特征研究还不透彻，仍需深入研究。

(4) 研究花岗岩在不同温度冷热交替作用后的抗拉强度时未系统观察岩石的裂纹从萌生、扩展以及贯通演化的过程。

1.4 研究内容及技术路线

1.4.1 研究内容

本书针对地热开采过程中所涉及的人工储留层冷热交换这一实际过程，研究了不同温度下花岗岩在经历冷热交替作用后的物理力学性质。

(1) 不同温度和冷却方式作用后花岗岩物理力学特性的变化。

物理性质的变化：研究了不同温度后两种冷却方式下花岗岩的表观颜色、纵波波速和质量变化率等基本参数的变化特征。

力学性质的变化：基于单轴压缩试验得到了不同温度后两种冷却方式下花岗岩的力学参数（应力-应变、抗压强度、弹性模量、峰值应变和破坏后的模式等）的变化特征。

(2) 不同温度冷热交替作用后花岗岩物理力学特性的变化。分别开展了单轴压缩试验和巴西劈裂试验，并结合声发射技术对加载过程中试件内部裂纹的发育演化过程进行监测，分析温度和交替作用对试件声发射信息的影响，得到了花岗岩物理力学特性的变化规律及破坏后模式的变化规律。

(3) 对比常温作用下和高温作用下花岗岩的力学特性的变化规律。对不同温度冷热交替后的花岗岩开展了实时高温下的单轴抗压试验，并与常温状态下的试验结果进行对比，着重分析了温度作用下产生的热应力的影响，重点分析了两者存在的差异。

(4) 不同温度冷热交替作用后花岗岩渗透率的演化规律。通过对不同温度冷热交替损伤后的花岗岩进行渗透率的测试，得到了花岗岩的渗透率随温度以及交替次数的变化规律。

(5) 不同温度冷热交替作用后花岗岩微观结构的演化规律。通过 X 射线衍射(XRD)技术对不同温度冷热交替作用后试件中所含矿物成分的变化进行分析，通过微观扫描电镜(SEM)对试件微观结构的变化进行观察，通过显微观测对岩石薄片的裂纹变化规律进行观察，还通过 X 射线荧光分析(XRF)对试件的主要矿物元素及含量进行了分析，通过 CT 扫描对岩石内部的孔裂隙进行提取，得到了花岗岩在交替作用后内部孔裂隙的变化规律，从而为渗流模拟奠定了基础。采用以上手段在微细观方面对花岗岩内部损伤劣化机理进行了分析。

本书研究内容对于进一步认识高温岩石的物理力学性质并揭示其在冷热交替作用下的变化规律及破裂机理具有重要意义，可为地热人工热储层的建造提供一定的理论依据。

1.4.2 技术路线

本书研究的技术路线如图 1-2 所示。

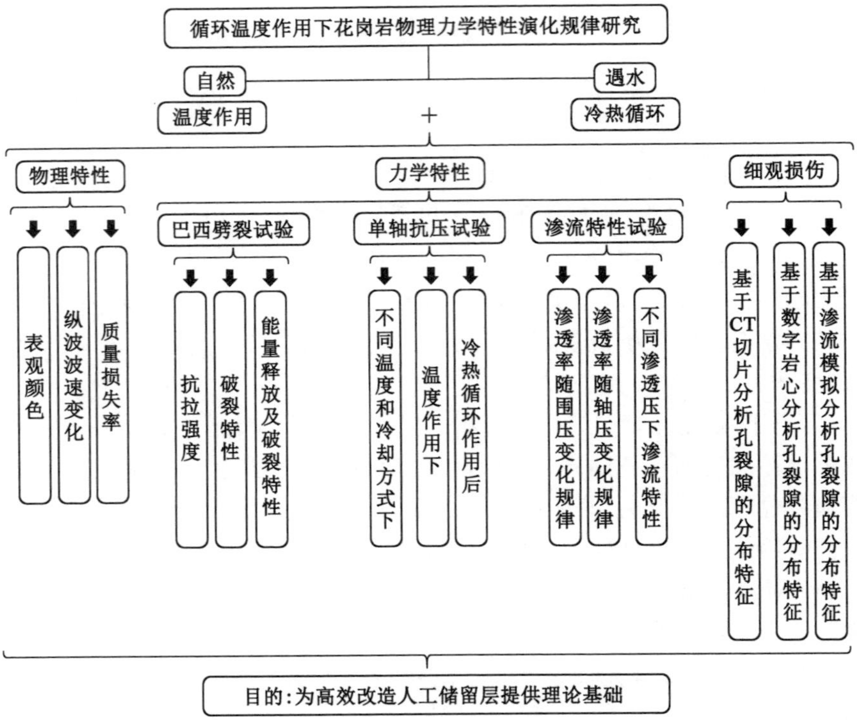

图 1-2 技术路线图

第 2 章　不同温度和冷却方式作用后花岗岩物理力学特性试验研究

干热岩地热开采最重要的环节为井筒的钻进及人工热储层的建造，在井筒钻进过程中需要用水来冷却钻头，高温岩体遇水后局部温度急剧下降而引发破裂，这一方面有利于井筒破岩提高钻头钻进的工作效率，另一方面高温井筒围岩遇水后力学特性也会发生变化，可能导致围岩变形破坏、井筒垮落等现象，严重时还有可能造成井筒报废。

另外，在干热岩地热开采过程中，从地面将冷水注入高温储留层，将热水从输出井采出，这一过程导致人工储留层经历冷热交替作用，由于岩石热胀冷缩效应，干热岩发生冷破裂现象，萌生新的裂纹，同时原生裂纹扩展或贯通，使干热岩内部的孔隙结构、微观形貌等物理和力学特性发生变化，导致人工储留层渗透特性发生变化，最终影响其热交换效率[88]。因此，本章在实验室对不同温度下试件冷热变化的过程开展试验，在自然冷却和水冷却两种方式下，重点研究花岗岩的单轴抗压强度及其力学特性。

2.1　试验试件及设备

2.1.1　试件制作

用于本书试验研究的花岗岩试件取自山东文登，如图 2-1 所示。在制作试件时为了尽可能地减小试验误差，所有的试验样品均取自同一块致密的花岗岩，整体性较好，无裂纹。试件在常温状态下呈灰白色夹杂黑色斑点，经测定其平均密度为 2.54 g/cm^3，纵波波速为 3 846.15 m/s。该花岗岩的主要矿物成分及其含量如表 2-1 所示，可以很明显地看出长石和石英所占比例较大，是花岗岩的主要组成部分。

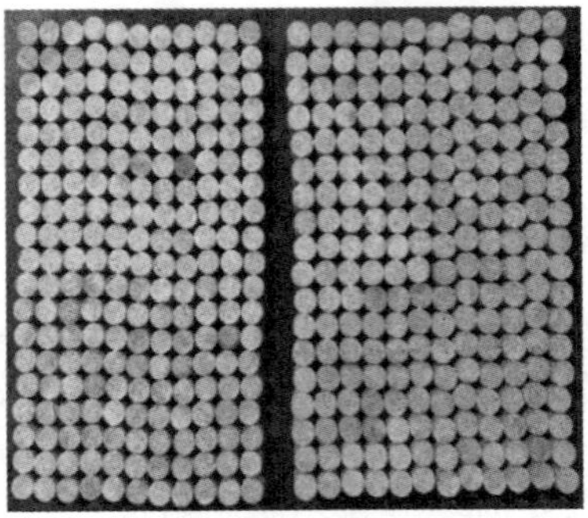

图 2-1　文登花岗岩试件

表 2-1　花岗岩主要矿物成分及其含量

矿物成分	石英	钾长石	斜长石	云母	其他矿物
含量	41.6%	27.0%	18.0%	5.5%	7.9%

岩样的加工主要采用了岩石取心机、切割机以及端面磨平机，尽量将其打磨平整。按照国际岩石力学学会的建议方法和岩石力学试件规范，将其加工成尺寸为 ϕ50 mm×100 mm 的圆柱体标准试件，首先采用 DJ2230 型立式钻机钻取大块花岗岩，其钻头为定制的金刚石薄壁钻头，取心时采用专用夹具固定好整块试件，并在钻取试件的过程中采用自来水对钻头进行降温冷却，然后将取好的试件用切割机切割掉多余的部分，最后通过端面磨平机将试件端部打磨平整。样品加工精度严格执行《工程岩体试验方法标准》，并采用游标卡尺对试件直径、长度等尺寸进行测量，误差不超过 0. 02 mm。试件加工过程如图 2-2 所示。

2.1.2　试验设备及方法

试验所用的设备主要包括加热设备、波速测试设备和单轴压缩试验设备。采用箱式电阻炉（智能马弗炉）对试件进行加热，采用岩石超声波参数测定仪进行波速测试，采用微机控制电液伺服压力试验机对试件进行单轴压缩试验，下面对其分别进行介绍。

（1）在试件加热之前首先要进行超声波的测试，超声波测试采用的是 SYC-2 超声波参数测定仪（图 2-3），其目的是反映岩石内部结构的损伤程度，其原理是通过发射探头和接收探头之间的时间差来计算纵波速度，之后将波速值相差较大的试件剔除掉。

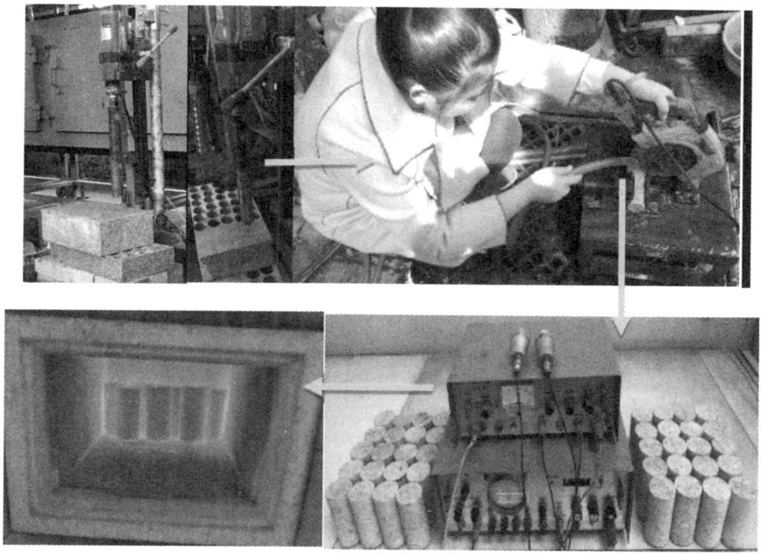

图 2-2　试件加工过程图

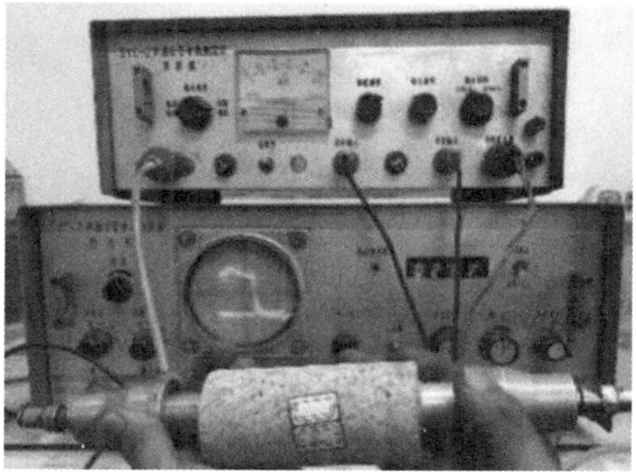

图 2-3　SYC-2 超声波参数测试仪

(2) 加热设备采用的是 SX2-10 型高温箱式电阻炉和电炉控制器(图 2-4)，该加热设备是一套可以实现自动控温、升温的多功能电炉设备，其最高温度可达到 1 000 ℃，通过将试件放入其中进行加热并保温。

(3) 常规单轴压缩试验采用微机控制电液伺服压力试验机(图 2-5)。本试验采用位移控制方式，加载速率为 0.002 mm/s。试验数据由试验系统自动采集，最终得到试件的应力-应变关系曲线。

图 2-4　SX2-10 型高温箱式电阻炉和电炉控制器

图 2-5　微机控制电液伺服压力试验机

2.1.3　试验过程

按照温度的不同(包括常温、100 ℃、200 ℃、300 ℃、400 ℃、500 ℃、600 ℃)将试件分为 7 组,常温下试件 4 块,其余每组 8 块试件,其中 4 块进行自然冷却到常温(20 ℃)后的力学特性试验,另外 4 块进行水冷却后的力学特性试验,共计 52 块试件,具体试验步骤如下:

(1) 对所有试件采用 SYC-2 超声波参数测定仪进行纵波速度测试,选取波速较为相近的试件作为试验对象,避免由于试件原始组分相差甚远或试件内部原始缺陷引起的试验误差。

(2) 将第一组试件(8 块)放置到智能马弗炉内,预设温度为 100 ℃,加热速率为 4 ℃/min,加热到预定温度后保温 8 h,以保证试件内部能够均匀受热。

(3) 达到预定温度和时间后,将其中的 4 块试件在炉膛内自然冷却到常温,其余的 4 块试件用坩埚钳迅速取出放入水中冷却,然后从水中取出并干燥。

(4) 每次加热前都对试件纵波波速进行测试,依次将每组试件按照步骤(2)、(3)所述的过程进行加热和冷却。

(5) 采用微机控制电液伺服压力试验机对所有试件进行单轴压缩试验,以获得全应力-应变曲线。首先进行预加载,然后采用位移控制模式进行加载,加载速率为 0.002 mm/s,试验结果由计算机自动记录。

(6) 对试件宏观破裂形态进行观测,并采用岩石显微镜和扫描电镜设备(型号为 JSM-7610F)对试件进行断面形貌分析。

2.2 不同温度和冷却方式作用后花岗岩物理特性的试验研究

本节对不同温度作用后自然冷却和水冷却作用下花岗岩的物理特性进行分析,其中包括对表观颜色、纵波波速和质量变化率的变化进行两种冷却方式下的对比分析。

2.2.1 表观颜色的变化

如图 2-6 所示,分别为不同温度的花岗岩水冷却和自然冷却之后的外观形态,从图中可以很明显地看出其颜色的变化过程。

从图 2-6 中可以看出,两种冷却方式下的花岗岩随着温度的升高表观颜色逐渐由深色向浅色转变,而且在水冷却的情况下,当温度为 500 ℃和 600 ℃时,试件的表面出现了微细小的裂纹及孔洞,并伴有少量的颗粒碎渣掉落,自然冷却的试件则没有产生此现象,这主要是受冷却方式的影响,水冷却试件的损伤程度明显要大于自然冷却试件的损伤程度。

2.2.2 纵波波速的变化

纵波波速是反映岩石密实性与完整性的一种指标,可以衡量试件的损伤度、均质性与差异性。花岗岩在形成过程中,孔裂隙一般不发育,然而在高温作用后,由于内部脱水、晶体相变、晶体熔融,孔裂隙萌生并扩展演化,导致花岗岩的波速会发生变化[89]。

为了使测试更加准确,测试之前要在试件两端面上涂抹耦合剂(凡士林)以

图 2-6　不同温度花岗岩试件冷却后表观颜色变化

降低波速在传播过程中的衰减速度。表 2-2 为不同温度不同冷却方式作用后花岗岩的波速。通过式(2-1)可计算不同温度不同冷却方式作用后花岗岩的波速。

表 2-2　不同温度和冷却方式下花岗岩的纵波波速的变化规律

单位：m/s

温度 T/℃		20	100	200	300	400	500	600
水冷却试件	1#	3 846	3 636	3 205	2 551	2 293	1 295	1 079
	2#	3 831	3 623	3 300	2 564	2 227	1 605	1 497
	3#	3 717	3 597	3 076	2 747	2 666	1 485	1 066
	4#	3 436	3 278	3 105	2 949	2 217	1 222	1 035
自然冷却试件	1#	3 846	3 426	3 141	2 692	2 500	1 960	1 308
	2#	3 831	3 367	3 277	2 865	2 865	2 028	1 340
	3#	3 717	3 629	3 192	2 951	2 538	2 247	1 349
	4#	3 436	3 213	3 181	2 558	2 493	1 614	1 304

$$v=\frac{l}{t-t_0} \tag{2-1}$$

式中　v——声波在试件内部传播的纵波波速，m/s；

l——试件的长度，m；

t——超声波信号激发时间，s；

t_0——超声波信号接收时间，s。

图 2-7 为不同温度的花岗岩在两种冷却方式作用后平均波速的变化趋势，可以看出，两种冷却方式作用后其平均波速都随加热温度的升高而降低。对于 1# 水冷却试件，常温状态下（20 ℃）的波速为 3 846 m/s，而 600 ℃时的波速为 1 079 m/s，较常温时下降了 71.94%。400 ℃以下水冷却的花岗岩，表面几乎没有产生微裂纹，波速下降相对较慢；当温度升高到 400～600 ℃时，由于热胀冷缩的作用，裂隙也随之产生，导致水分丧失，孔隙增大，波速快速下降。

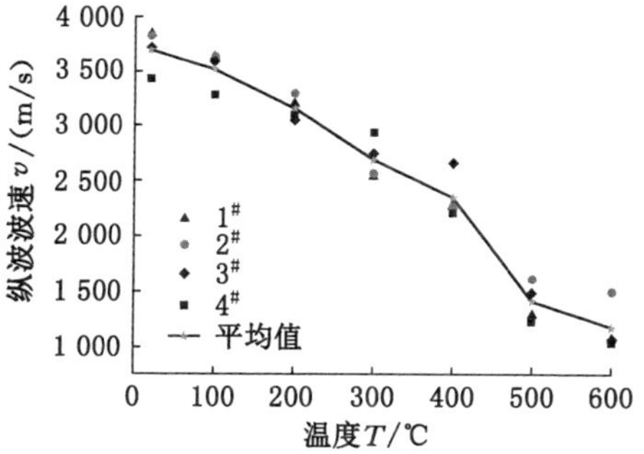

(a) 水冷却

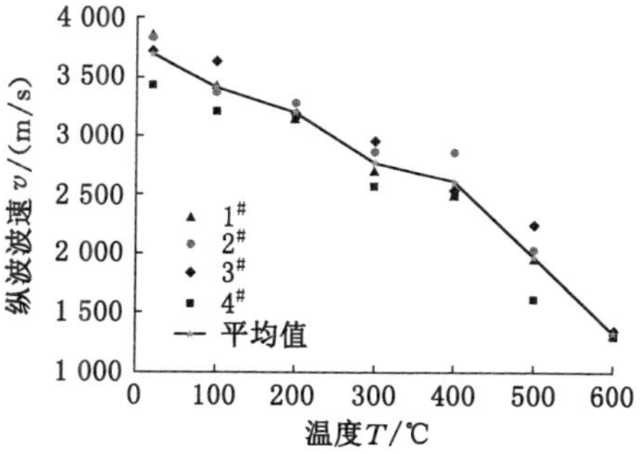

(b) 自然冷却

图 2-7　不同温度和冷却方式下花岗岩的纵波波速的变化趋势

在试验的过程中，发现自然冷却的试件之间相碰撞会发出清脆的声响。由图 2-7 可见，自然冷却下纵波波速与水冷却下纵波波速相比，其下降的幅度整体上在对应温度点有不同程度的降低，这主要是由于自然冷却下的试件是在炉膛内自然降温，其降温速率相对均匀而缓慢，此过程中产生的破裂裂纹相对于水冷却产生的裂纹较少，试件内部的连续性较好，导致其波速下降相对较慢。

总之，高温花岗岩的降温方式不同，其波速也不同。自然冷却下试件的纵波波速要比水冷却下试件的大，说明水冷却下的试件内部受到的破坏较为严重，损伤程度更为明显，使得岩石内部产生了更多的孔裂隙，进而导致波速降低较大。

2.2.3 质量变化率的变化

在加热前后分别对试件的质量进行测试，其中自然冷却的试件待其冷却到常温后进行测试，而水冷却的试件待其干燥后进行测试，根据前后两次所测质量的差值计算岩石质量变化率：

$$K = \frac{m_1 - m_0}{m_0} \tag{2-2}$$

式中 K——花岗岩试件质量变化率；

m_1——加热后试件的质量，g；

m_0——加热前试件的质量，g。

不同温度和冷却方式下花岗岩的质量变化规律如表 2-3 所示。

表 2-3 不同温度和冷却方式下花岗岩的质量变化规律 单位：g

温度 T/℃		20	100	200	300	400	500	600
水冷却	1#	480.8	480.0	478.9	478.5	477.8	477.1	470.2
	2#	481.0	479.7	479.2	478.3	477.9	477.2	470.9
	3#	481.3	479.5	479.3	478.1	477.6	476.5	470.7
	4#	481.4	479.3	478.8	478.2	477.5	476.8	470.2
自然冷却	1#	480.5	479.8	479.1	478.3	477.9	477.1	472.4
	2#	480.9	479.3	479.2	478.7	477.8	476.5	472.3
	3#	480.4	479.5	479.4	478.7	477.6	476.2	472.5
	4#	480.2	479.7	479.5	478.3	477.6	476.4	472.1

不同温度和冷却方式下花岗岩的质量变化率如图 2-8 所示，从图中可以看出，当温度为 20～500 ℃时，花岗岩质量变化率的下降趋势较为缓慢，而当温度大于 500 ℃时，两种冷却方式下的花岗岩质量变化率随温度的变化较大，呈快速下降趋势，这主要是因为：首先，在温度达到 573 ℃时，花岗岩内部的矿物成分及含量均会发生变化，矿物成分分析见 5.2 节；其次，当处于高温状态下时，试件内部的水分会逐渐蒸发，导致质量下降；最后，试件表面少量的颗粒碎渣也会导致质量损失。由于花岗岩存在各向异性，4 个试件的测量结果出现一定的离散性，但在符合规定的范围之内。对比两种冷却方式下花岗岩质量变化率可以看出，水冷却试件的质量变化率的变化幅度大于自然冷却下试件的变化幅度。

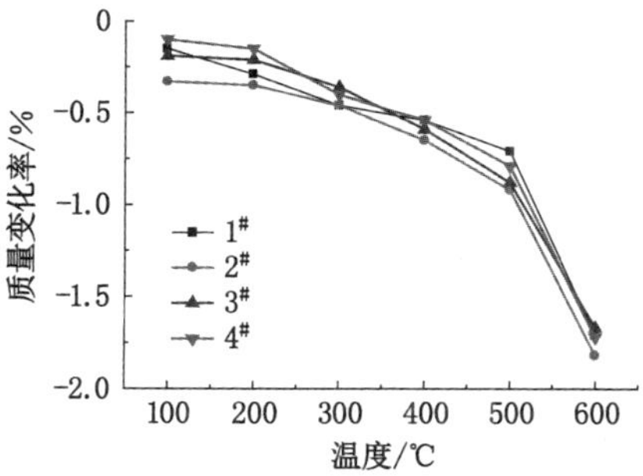

(a) 自然冷却

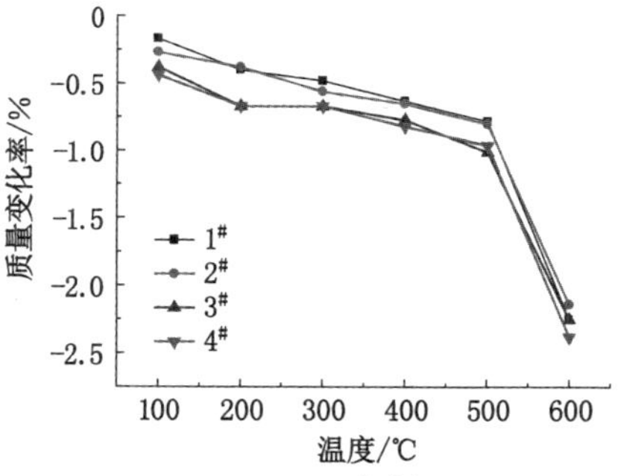

(b) 水冷却

图 2-8　不同温度和冷却方式下花岗岩的质量变化率

2.3　不同温度和冷却方式作用后花岗岩力学特性的试验研究

前人关于温度对花岗岩力学特性影响的研究主要集中于自然冷却后，而关于水冷却后的研究相对较少，Brotóns 等[89]、Rathnaweera 等[90]、王朋等[51]的研究充分说明了花岗岩经高温作用后的损伤不仅与温度密切相关，也与冷却方式密切相关。基于此，本书针对不同温度的花岗岩在自然冷却与水冷却后力学特性的变化进行研究，以揭示两种冷却方式引起花岗岩力学特性的变化。

2.3.1　应力-应变曲线的变化规律

如图 2-9 所示为不同温度花岗岩水冷却与自然冷却后典型试件的应力-应变曲线图，可以看出不同温度的花岗岩在自然冷却和水冷却后的应力-应变曲线与常规应力-应变曲线的变化规律相似，宏观上也经历了 4 个阶段，即压密阶段、弹性阶段、弹塑性变形阶段和完全破坏阶段，但其弹塑性或塑性阶段很小，整体呈脆性破坏，部分曲线产生双峰现象。

从图 2-9(a)可以看出，水冷却下的试件随着温度的升高，其单轴抗压强度(峰值应力)呈下降趋势，峰值应变随温度的升高呈增加趋势，试件的压密阶段也相对自然冷却后的试件的长。当温度大于 300 ℃时，其应力-应变曲线出现了“双峰渐进破坏”的现象。在弹性阶段可以看出，试件的斜率也呈逐渐下降趋势，当温度达到 500 ℃时可以看出试件从脆性逐渐向延性转化。

从图 2-9(b)可以看出，自然冷却下的试件随着温度的升高，其单轴抗压强度同样也呈下降趋势，但是其下降幅度较小，峰值应变随温度的升高也呈增加

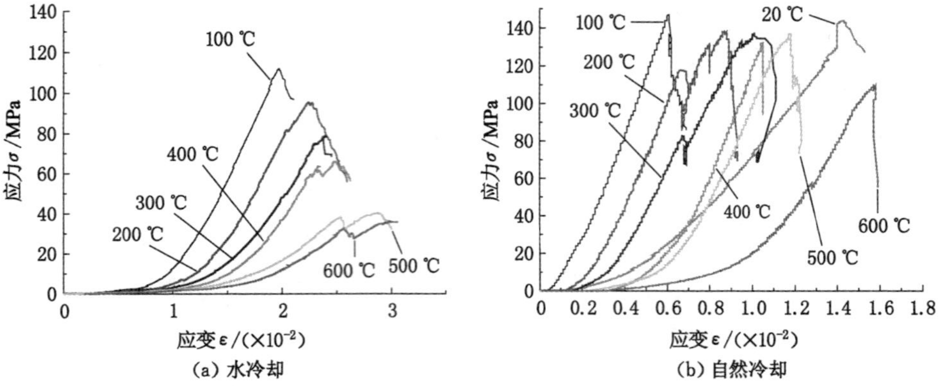

图 2-9 不同温度和冷却方式作用后花岗岩应力-应变曲线

趋势，试件的应力-应变曲线中压密阶段的长度相对水冷却下的试件的短。

通过对比图 2-9(a)和(b)可以得出水冷却下试件的强度明显低于自然冷却下试件的强度，弹性阶段的斜率也较自然冷却下试件的变缓。尤其值得注意的是，其压密阶段相对较长。这可能是由于试件浸入水中后充分与水接触，使得原来的水化物在脱水后又重新生成了新的水化物，与自然冷却相比，在一定范围内，高温形成的微裂隙进行修补，使孔隙减少，压密阶段相对较长。还可能是因为试件在加热冷却的过程中受热胀冷缩的影响内部颗粒之间产生了裂隙，所以在单轴压缩的过程中孔裂隙逐渐被压实所需要的时间相对较长[91]。

这里重点讨论峰值应力前应力-应变曲线的特殊性。由图可以看出，在自然冷却状态下，当温度为 200 ℃和 300 ℃时，应力-应变曲线接近峰值前，曲线有一快速下降然后再缓慢上升的阶段，即双峰值现象，其原因可能是在此温度范围内，岩石内部由于热破裂而产生的一些相对较大的微裂隙在受压时产生剪切错动，这种错动是不连续的，也即应力未达到裂隙抗剪强度前，裂隙产生均匀的小变形，当应力达到其抗剪强度时，裂隙突然错动，产生破坏，但相对于整体试件，它只是局部的破坏，不足以引起整个试件的破坏，试件的其他部分可以继续受力，直到整体破坏。200 ℃之前，由于温度低而未产生相对大的微裂隙，不出现双峰现象；300 ℃以后，由于热破裂程度相对较大，裂隙较多，裂隙及试件的整体部分变形相对均匀，不会产生大的剪切错动，所以也不会出现双峰现象。对于水冷却，同样也出现了双峰现象，其温度段为 400～600 ℃。在 400 ℃之前不出现双峰现象，这是因为 400 ℃之前水冷却时，试件主要产生物理作用及导致热破裂的力学作用，试件受力时，裂隙面间的摩擦力由于遇水相对较低，变形相对均匀，所以不出现双峰现象；400 ℃之后，试件不仅有物理作用、力学作用，同时化学作用也比较明显，尤其是水化反应，不仅生成沉淀物，同时对原生裂纹和缺陷有一定的修补作用，这就导致裂隙面间的摩擦力增大，试件受力时，试件开始产生相对均匀的变形，当应力升高到一定程度时，那些摩擦力比较大的裂隙面会从静摩擦变为动摩擦，裂隙产生突然错动，应力突然下降，但不足以导致试件整体破坏，之后应力还会缓慢上升，直到试件整体破坏。Yao 等[92]这样解释此现象：从应力-应变曲线图中可以看出，应力有时会突然跌落，而后又迅速恢复到跌落前的增加或降低的状态，称之为“应力跌坎”。每次“应力跌坎”往往对应着一个肉眼可见的宏观断裂面的形成，侧向应变发生一次跌升。

为了对比分析两种冷却方式下花岗岩力学特性的变化，绘制两种冷却方式作用后花岗岩的应力-应变曲线对比图，如图 2-10 所示，由图可以看出，在两种冷却方式(图中 N 代表自然冷却，W 代表水冷却)下应力-应变曲线图的规律与常温状态下的基本相同，但各阶段对应的应变(或变形)不仅与温度有关，同时还与冷却方式有关，以下重点讨论两种冷却方式下初始应变的特征，其他特征与常规的应力-应变曲线特征类似。

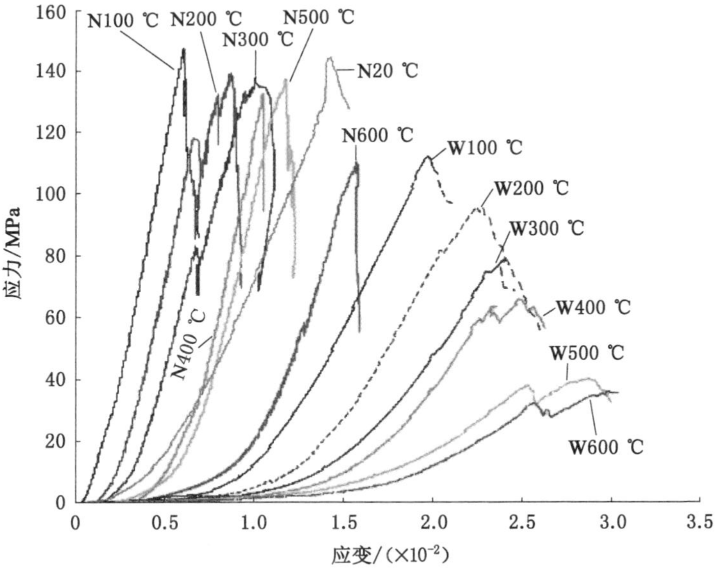

图 2-10 不同冷却方式下应力-应变曲线对比图

根据应力-应变曲线获得的相对应的花岗岩平均力学参数如表 2-4 所示。

表 2-4　不同温度和冷却方式下花岗岩力学参数平均值

温度 T/℃		单轴抗压强度 σ/MPa	弹性模量 E/GPa	峰值应变 ε/($\times 10^{-2}$)
水冷却	20	144.01	7.21	1.73
	100	112.02	5.67	1.97
	200	95.57	4.25	2.24
	300	59.19	2.46	2.40
	400	54.32	2.19	2.47
	500	40.11	1.97	2.87
	600	35.37	0.19	2.95
自然冷却	20	144.01	7.21	1.42
	100	146.95	8.31	0.61
	200	138.83	8.24	0.87
	300	137.30	8.10	1.00
	400	132.29	7.92	1.04
	500	127.66	7.55	1.18
	600	110.19	7.45	1.57

2.3.1.1　自然冷却后的初始应变特征

在自然冷却状态下，当温度为 100～300 ℃时，其初始阶段（压密阶段）的应变都随温度的升高而增加，但都小于常温下的初始应变；300 ℃以后，初始阶段的应变也随温度的升高而增加，都大于常温下的初始应变。产生这种现象的原因为：常温下，由于试件内部气体及水的存在，裂隙面的摩擦力相对较小，受力后裂隙容易闭合，表现为初始应变增加。当温度为 100～300 ℃时，一方面由于裂隙面摩擦力增加导致初始应变降低，另一方面由于热破裂的增加而导致初始应变增加，初始应变降低的程度大于增加的程度，最终表现为常温下的初始应变大于 100～300 ℃时的初始应变；300 ℃之后，随着温度的升高，热破裂现象加剧，初始应变相应增加，其应变值都大于常温状态下的应变值。

2.3.1.2　水冷却后的初始应变特征

随着温度的升高，水冷却下初始应变逐步增大，这一方面是由于试件在水冷却下产生破裂，温度越高，破裂现象越严重，导致试件受力时随温度的增加，初始应变也相应增加，试件遇水后，裂隙面的摩擦力降低，同样会导致初始应变的增加；另一方面，高温试件遇水后还会发生化学变化，产物充填于部分裂缝内，充填物的压密同样会导致初始应变的增加。

2.3.2　单轴抗压强度的变化规律

图 2-11 为花岗岩单轴抗压强度随加热温度作用后在两种冷却方式下的变化曲线图，可以看出随着作用温度的升高，两种冷却方式下花岗岩单轴抗压强度整体上都呈下降趋势，但其下降幅度不同。另外，100 ℃高温作用后，在自然冷却状态下试件单轴抗压强度有上升的趋势，比未受温度作用时的试件单轴抗压强度提高了 2%，当温度大于 100 ℃时，其单轴抗压强度随温度的升高呈缓慢下降趋势。而水冷却状态下试件的单轴抗压强度下降趋势较快，由常温状态下的 144.01 MPa 下降到 600 ℃时的 35.37 MPa，下降了 75.44%。

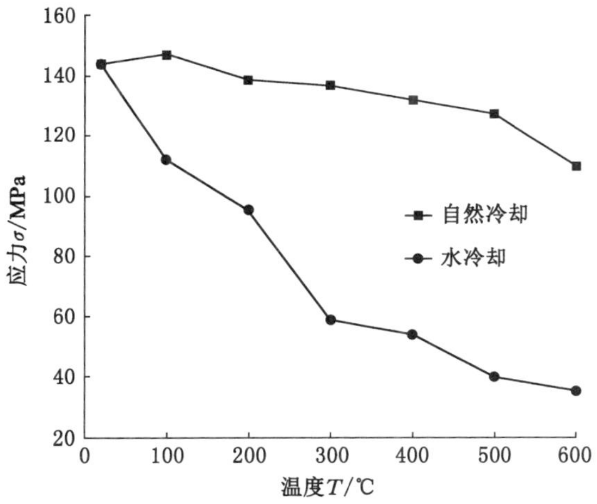

图 2-11　花岗岩在两种冷却方式下单轴抗压强度与温度的关系图

2.3.2.1　水冷却条件下单轴抗压强度的变化规律

随着温度的升高，水冷却条件下单轴抗压强度降低，在不同的温度段降低的幅度不同：300 ℃之前，其强度快速下降，降低的速率约为 0.3 MPa/℃；300 ℃之后，强度降低相对缓慢，降低的速率约为 0.079 MPa/℃。其原因是随着温度的升高，遇水时冷冲击导致的热损伤破裂程度增大，整体表现为单轴抗压强度的降低。300 ℃之前，试件遇水后产生的化学作用比较弱，试件的损伤破坏是由物理作用和力学作用引起的，温度越高破坏越严重，导致其强度下降幅度比较大；300 ℃之后，试件遇水后还发生化学反应，与应力-应变曲线出现双峰的原因相同，一方面随着温度的升高，加剧了热破裂的程度，表现为强度的降低，另一方面由于水化学作用的结果，使裂隙间摩擦力增大，又阻止了强度的下降，二者共同作用导致其强度下降速率变慢。

2.3.2.2 自然冷却条件下单轴抗压强度的变化规律

自然冷却状态下也是随着温度的升高单轴抗压强度降低，其主要原因也是由于温度的升高引起热破裂而导致强度降低，但降低幅度小于水冷却时降低的幅度。另外，在本试验的温度点 100 ℃时单轴抗压强度最高，这主要是因为 100 ℃ 左右时，试件内部一些微裂隙中的水分蒸发，增加了微裂隙面的摩擦力，而热破裂在此温度范围内非常少，最终导致此时强度最高。随着温度的升高，花岗岩应力-应变关系表现出先“硬化”再“软化”，孔裂隙的变化对其有极大的影响。同时，由于水分的丧失、孔隙的增大，花岗岩内部颗粒之间的胶结也变得很弱，其自然冷却下的破坏模式主要以劈裂拉伸破坏为主。

2.3.3 弹性模量的变化规律

弹性模量值是根据各试件应力-应变曲线中 1/2 处极限强度点对应的切线模量计算的平均值，图 2-12 为不同温度、不同冷却方式下花岗岩平均弹性模量变化曲线，从中可以看出：水冷却方式下的弹性模量随温度的升高而降低，由常温状态下的 7.21 GPa 下降到 600 ℃时的 0.19 GPa，下降了 97.36%；而自然冷却方式下花岗岩的弹性模量在温度为常温(20 ℃)～100 ℃时呈上升趋势，即由常温下的 7.21 GPa 上升到 100 ℃时的 8.31 GPa，上升了 15%，100 ℃之后，又有逐步降低的趋势，但其幅度很小，由此可见，在本试验温度范围内，花岗岩经高温后自然缓慢冷却到常温后，其弹性模量随温度的升高呈现先增大后降低的趋势。

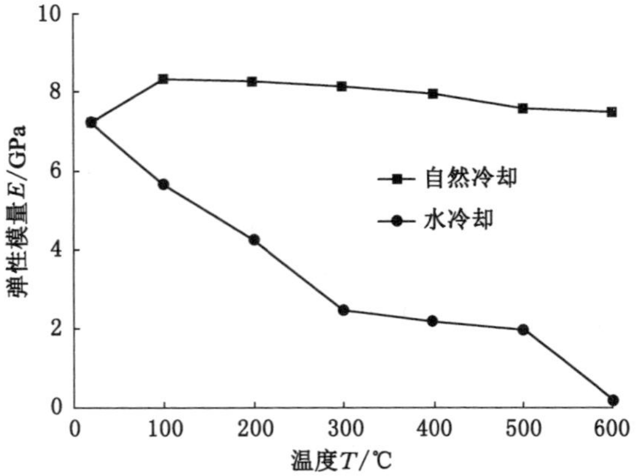

图 2-12 两种冷却方式下花岗岩弹性模量与温度的关系图

不同温度作用后，弹性模量的整体变化趋势是随着作用温度的升高逐步降低，但冷却方式不同，弹性模量变化的趋势不同。在自然冷却方式下，从常温到 100 ℃时，其弹性模量增大，100 ℃之后其弹性模量随温度的升高而缓慢降低，这与文献[93]的试验结论基本相符，其原因为：100 ℃之前，随着温度的升高，矿物颗粒受热膨胀造成花岗岩中原生裂隙逐渐闭合，导致弹性模量逐渐增大；100 ℃ 以后，粒间或粒内应力进一步增大，大到足以产生微小裂纹或致使原生微小裂纹扩展和加宽，即热破裂加剧，最终导致弹性模量逐渐减小。而文献[94]的试验结果为随着温度的升高弹性模量降低，并未出现弹性模量升高的温度点，其原因为花岗岩的组分及各组分的含量不同，导致其弹性模量的变化趋势不同。另外，花岗岩原始微裂纹的数量不同，其弹性模量的变化趋势也不同。如微裂纹较多时，其裂纹内部充水或充填其他黏土类矿物，随着温度的升高，水分蒸发，黏土类矿物由于失水而硬化，造成弹性模量升高，之后，随着温度继续升高，热破裂逐步加剧，导致弹性模量逐步下降。

水冷却方式下试件的弹性模量随温度升高而逐渐降低的幅度远大于自然冷却方式下的，在本试验温度范围内，并未出现弹性模量升高的温度点，这是因为随着温度的升高，在水冷却作用过程中，试件降温迅速，使得试件内外温差较大，不均匀的冷缩变形导致岩石内部产生微裂纹，同时原有的微裂纹扩展贯通，含水率增加，最终导致其弹性模量随温度的升高而降低。

2.3.4　峰值应变的变化规律

两种冷却方式下花岗岩的峰值应变随温度的变化曲线如图 2-13 所示，由图可以看出，经相同温度作用后，水冷却方式下的峰值应变明显大于自然冷却方式下的峰值应变，且峰值应变随温度的升高而增加，但在自然冷却方式下，100 ℃的温度作用后，其峰值应变最小，当作用温度大于 100 ℃时，峰值应变随温度的升高逐步增加。

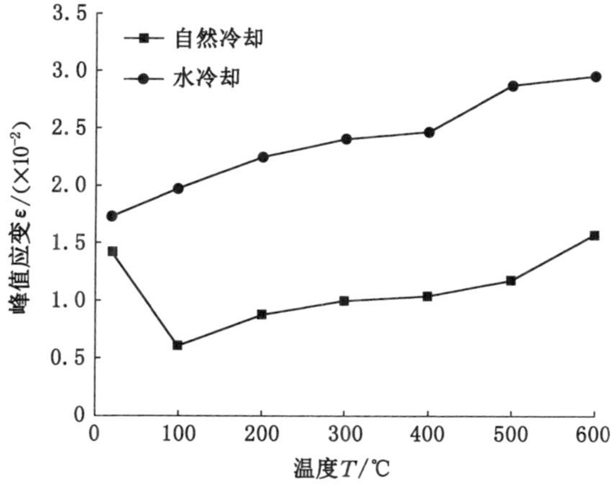

图 2-13　两种冷却方式下花岗岩峰值应变与温度的关系图

从中还可以看到，峰值应变不仅与温度有关，同时还与冷却方式有关，总的趋势是：① 在相同温度下，水冷却后的峰值应变大于自然冷却后的峰值应变，其原因与上述初始应变增加的原因相同；② 在同一种冷却方式作用下，整体趋势是随着温度的升高，峰值应变也相应增加，其原因也与上述初始应变增加的原因相同。

2.4 不同温度和冷却方式作用后花岗岩破裂模式分析

岩石的剪切破坏过程常伴随着裂纹的萌生与贯通，因此，研究岩石剪切破坏时的裂纹演化规律是分析其破坏机制的关键[95]。而岩体经过单轴压缩试验后的破坏形式有三种：剪切破坏、拉伸破坏以及混合破坏。试件在破断后呈现出一定的角度，可以反映出岩石的破坏情况。为了尽可能地减小端部效应，必须在试件与垫块之间涂抹润滑剂（凡士林），以减小摩擦力对测试结果的影响，保证在试件中部出现均匀应力状态[96]。

图 2-14 所示的破坏形式以剪切破坏为主，形成这样的破坏面主要是由于试件的端面与承压板之间产生的摩擦，而剪切破坏是由压应力造成的，劈裂破坏是由拉应力造成的。在破坏的过程中脆性破坏特征明显，主要是由于端部效应造成的剪切破坏[97]。随着压力的增大，试件侧向的岩石自动剥落，从而形成劈裂形状。所有的破坏试件中以剪切破坏的试件居多，占 90%以上，可以发现温度作用对水冷却花岗岩的破坏形态影响不明显，不具有一定的规律性[98]。

从不同温度作用下花岗岩经历单轴压缩试验后的破坏形态图中可以看出，花岗岩试件的宏观破裂形态主要为 Y 形和 V 形。其中主要的破裂面是沿着轴向方向产生的剪切破裂面，然而破裂的过程表现为在张拉变形的作用下，一些小的裂纹汇聚成楔形体，最终将试件劈裂破坏。在形成楔形体的时候就意味着试件将要被劈裂。由于花岗岩质地比较坚硬，强度相对较高，端部效应明显突出，而端部效应是由于摩擦抑制作用处于三向受力状态而造成的[99]。

无论是自然冷却还是水冷却，花岗岩的损伤破坏程度都随温度的升高而增加，总的损伤破坏主要由两部分组成，一部分是试件加热过程中的损伤破坏，另一部分是试件冷却过程中的损伤破坏，其中冷却过程中的损伤破坏与冷却方式和冷却速率有关。本书试验中，升温的方式和速率相同，试件在升温过程中产生的损伤破坏程度相同，损伤破坏机理前人已进行了大量的研究，主要是由于不均匀的热膨胀变形产生热应力，当热应力大于颗粒间的黏结力或超过其抗拉强度时产生损伤破坏即热破裂。对于试件冷却过程中的损伤破坏，本书只进行了自然冷却和水冷却两种方式下的损伤研究，虽然在试验中冷却速率没有测

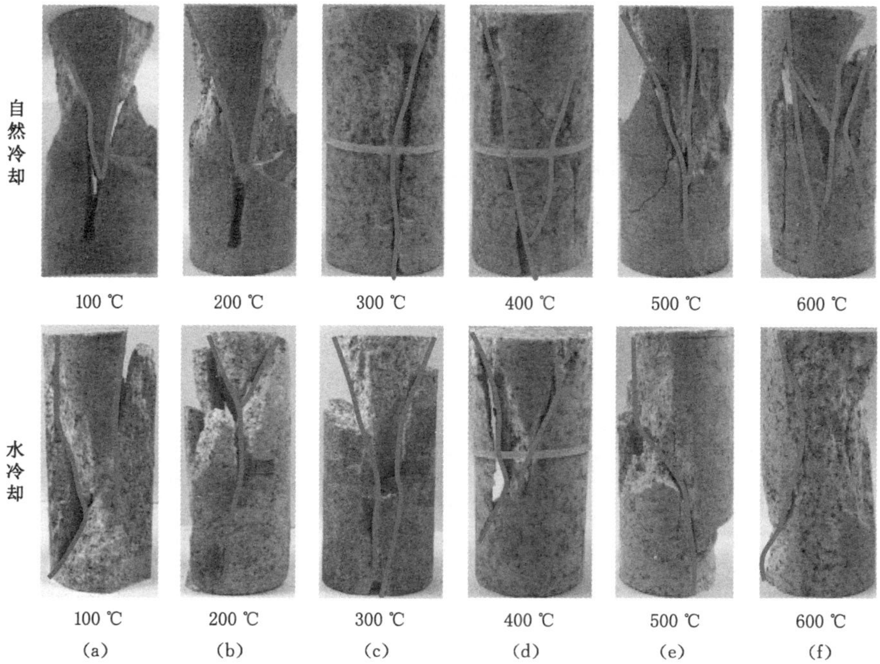

图 2-14　不同温度和冷却方式作用后花岗岩破坏图

到，但水冷却的速率肯定大于自然冷却的速率，所以本书只能定性地探讨两种冷却方式引起试件破坏的机理。

2.4.1　高温花岗岩水冷却后损伤破坏机理

当花岗岩温度为 100 ℃、200 ℃时，遇水后，由于降温速率较快，试件由外向内产生较高的温度梯度，同时冷缩变形梯度也会增大，再加上试件的不均匀性导致的不均匀冷缩变形，使组成试件的颗粒间产生拉应力，当拉应力超过其黏结强度时产生微裂纹，造成试件损伤破坏，这种损伤破坏主要是由于花岗岩在冷却过程中物理特性的变化及热胀力的变化引起的，即物理作用和力学作用同时造成花岗岩的损伤破坏，温度越高，损伤破坏的程度越高。

当温度大于 300 ℃时，试件在水冷却方式下会产生大量的高温高压水蒸气和气泡，并侵入岩石内部对试件产生一种“楔入”作用，这样就会使试件的孔裂隙进一步扩展演化和贯通。同时由于岩石内部的矿物在遇水作用下发生化学反应使得内部的成分发生转变，如 SiO_2 和 CaO 反应生成 $CaSiO_3$，CaO 和 Fe_2O 反应生成铁酸钙，CaO 和 CO_2 反应生成 $CaCO_3$。另外，黑云母的化学式为

$K(Mg,Fe)_3AlSi_3O_{10}(OH)_2$，由于含$(OH)^-$，其从 200 ℃开始就有热分解趋势，高于 450 ℃时就开始热分解，温度达到 600 ℃以上时热分解加剧。在温度为 200～550 ℃时，钾长石会蚀变成高岭石或云母。主要化学变化方程式见式(2-3)～式(2-7)。

$$SiO_2(\text{石英})+2H_2O \longrightarrow H_4SiO_4 \tag{2-3}$$

$$K_2O+H_2O \longrightarrow 2K^+ +2OH^- \tag{2-4}$$

$$Na_2O+H_2O \longrightarrow 2Na^+ +2OH^- \tag{2-5}$$

$$CaO+H_2O \longrightarrow Ca(OH)_2 \tag{2-6}$$

$$MgO+H_2O \longrightarrow Mg(OH)_2(\text{疏松}) \tag{2-7}$$

在水中冷却的花岗岩，由于 SiO_2 在水中的反应是微弱的，而生成的 H_4SiO_4 难溶于水，会填充于花岗岩的原生裂纹和缺陷中，对原生裂纹和缺陷有一定的修补作用。CaO 和 MgO 与水反应分别生成 $Ca(OH)_2$ 和 $Mg(OH)_2$，使得岩石变得疏松，同时对原生裂纹和缺陷有一定的修补作用。岩石中 K_2O 和 Na_2O 的含量极少。再者，花岗岩内部的石英晶体在 573 ℃时会由 α 相变为 β 相[100]，致使石英体积急剧膨胀，从而使试件内部的微裂隙进一步扩展、加宽和连通。

总之，高温花岗岩水冷却后，其物理、力学和化学特性都有不同程度的变化，温度不同，变化程度不同，损伤破坏的程度也不同。在相同温度作用后，水冷却后的损伤破坏程度明显大于自然冷却后的损伤破坏程度，但水冷却后裂缝边缘相对模糊，部分裂缝内有填充物产生，同时还有溶蚀坑，这都是花岗岩水化反应的结果。

2.4.2 高温花岗岩自然冷却后损伤破坏机理

当温度小于 200 ℃时，在加温过程中岩石内部的矿物颗粒之间受热膨胀，一方面在原生的微裂隙闭合的同时由于不均匀的热膨胀变形会产生少量的微裂纹，另一方面试件内一些受热易挥发的少量气体或液体逸出，如水蒸气蒸发，改变了矿物颗粒之间的接触状态，使摩擦力增强。在自然冷却过程中，其降温速率与水冷却相比非常缓慢，试件内部产生的温度梯度非常小，在此过程中，冷缩变形相对均匀，产生新裂隙的概率非常小。微观裂纹的痕迹少而清晰，多为沿晶裂纹，所以认为当温度小于 200 ℃时，自然降温即缓慢冷却过程中，试件几乎不会产生新的裂缝，但裂缝的形态会产生一定的变化，如原闭合的裂缝在冷缩过程中张开，或原裂缝的宽度增加。

当温度大于或等于 200 ℃时，试件同样会产生热破裂，且温度越高，热破裂作用越明显，也是由物理、力学和化学作用引起的；但在自然降温的过程中，化学作用引起的损伤破坏非常微小，尤其是水化反应几乎不发生，这是水冷却与自然冷却的最大区别，这就导致自然冷却后花岗岩的损伤破坏程度小于水冷却后花岗岩的损伤破坏程度，其他的损伤破坏机理相同。

以上分析只说明高温花岗岩自然冷却与水冷却的损伤破坏机理，关于冷却速率或加温速率引起的损伤破坏需做大量的试验进行分析，本书未进行研究，但从理论上分析，速率越快，引起的损伤破坏越严重，详细的规律还有待进一步验证。

2.5　本章小结

本章通过试验研究，分析了不同温度下花岗岩在自然冷却和水冷却作用后的物理力学特性，主要结论如下：

(1) 水冷却方式下的花岗岩试件在常温(20 ℃)～600 ℃由灰白色逐渐向土黄色转化，并且在 400～600 ℃时，试件表面出现了细小的微裂纹，同时表面有颗粒脱落的现象。自然冷却条件下的花岗岩试件在 200～300 ℃时颜色变化不大，呈灰黑色，在 400～600 ℃时整体颜色逐渐变浅，变为灰白色并伴有土黄色。

(2) 高温花岗岩的冷却方式不同，其波速也不同。自然冷却方式下试件的纵波波速要比水冷却方式下试件的波速大，不同温度的花岗岩在两种冷却方式作用后其平均波速都随加热温度的升高而降低。常温状态下的波速为 3 846 m/s，水冷却的花岗岩在 400 ℃以下时波速下降相对较慢，当温度升高到 400～600 ℃时波速快速下降。自然冷却方式下纵波波速与水冷却方式下纵波波速相比，其下降的幅度整体上在对应温度点有不同程度的降低，其波速下降相对较慢。

(3) 在不同温度及不同冷却方式作用后，试件的单轴抗压强度以及弹性模量均随着温度的升高而降低；相同温度作用后，水冷却方式下试件单轴抗压强度及弹性模量的降低幅度均大于自然冷却方式下的，随着温度的升高，水冷却下的弹性模量下降幅度大于自然冷却方式下的下降幅度。另外，不同温度及不同冷却方式作用后，花岗岩的应力-应变曲线特征不同：对于自然冷却方式下的试件，200～300 ℃范围内，应力-应变曲线出现双峰值；对于水冷却方式下的试件，400～600 ℃范围内，应力-应变曲线出现双峰值。

(4) 不同温度作用下两种冷却方式的花岗岩试件的宏观破裂形态主要呈现 Y 形和 V 形，表现为上端呈剪切破坏下端呈劈裂破坏，主要的破裂面是沿着轴向方向产生的剪切破裂面。然而破裂的过程表现为在张拉变形的作用下，一些小的裂纹汇聚成楔形体，最终将试件劈裂破坏。所有的破坏试件中以剪切破坏的试件居多，占 90%以上。温度作用对水冷却花岗岩的破坏形态影响不明显，不具有一定的规律性。

第 3 章　冷热交替作用后花岗岩物理力学特性试验研究

近年来，地下岩体工程的开发（如深部岩体的开采、核废料的储存、矿山火灾后的重建与修复以及高温地热开采等）逐渐成为研究的重点[101]，由于地下温度的反复变化对岩体产生的影响是不容忽视的，而温度又是影响岩石物理力学性质的重要因素之一[98]，特别需要指出的是在地热开采的实际工况中，花岗岩通常作为储留层重要的介质[102]，尤其是在钻进过程中，钻孔围岩的温度往往随水的交替呈现冷热反复的变化，所以研究岩石在冷热交替作用后的力学特性具有重要的实践意义，而岩石的抗拉强度作为其力学性质的一个重要参数，与岩石的变形破坏和能量的吸收、聚集、耗散紧密相关[103]。

因此，本书开展冷热交替作用后花岗岩的抗拉强度试验，对比分析自然冷却和水冷却两种冷却方式下花岗岩的破裂特征及损伤特性，得到冷热交替作用后花岗岩的抗拉强度及声发射的变化规律，同时结合数字摄像技术记录裂纹的起裂扩展以及断裂过程，比较分析不同温度（20～700 ℃）作用后花岗岩在不同冷热交替次数（5～25 次）下的外观形态、纵波波速、抗拉强度、破裂模式等的变化规律，为进一步研究高温岩体工程中花岗岩裂纹的扩展演化机制等提供理论基础。

3.1　试验概况

3.1.1　试件制备与试验方案

3.1.1.1　试件制备

试件采用的是山东文登花岗岩。该岩样较为致密，无裂纹，其主要矿物成分已在 2.1 节描述，在此不再赘述。为了使试验具有可对比性，选取同一块花岗岩试件，并且根据国际岩石力学学会 ISRM 建议的方法[104]，将花岗岩加工成 ϕ50 mm×25 mm 的巴西圆盘，其误差不超过 0.02 mm。

3.1.1.2　试验方案

试验共分为两步进行，首先对试件进行不同温度的冷热交替处理，然后对处理后的试件进行抗拉强度试验，其中不同温度下的冷却方式分为水冷却和自然冷却两种，并且根据温度梯度级别(100～700 ℃)分为 7 个小组，根据交替次数(5～25 次)分为 5 个次小组，同一变量下每组试验为 3 个试件，共计 213 块试件。

以 100 ℃为例详细描述试验步骤：

(1) 把分组的 30 块试件(自然冷却与水冷却各 15 块)按先后顺序依次放入马弗炉中，以 4 ℃/min 的加热速率加热到 100 ℃，保温 8 h，确保试件内部能够均匀受热。

(2) 将加热好的试件取出 3 块，放入室温水中冷却处理，而另外 3 块试件在马弗炉中自然冷却到室温。

(3) 当马弗炉自然冷却到室温后，将水冷却后的 3 块试件再次放入马弗炉中，与自然冷却的 3 块试件一起以相同的加热速率再次加热到 100 ℃并保温 8 h，然后取出水冷却试件再次进行水冷却。

(4) 重复步骤(3)交替 5 次，当第 5 次温度交替结束后，取出水冷却的试件，编号为 W100-5-*X*(“W”表示水冷却，“100”表示温度为 100 ℃，“5”表示交替 5 次，“*X*”表示试件个数，依次为 1、2、3)；同理，当马弗炉温度降到室温后，取出自然冷却的 3 块试件，编号为 N100-5-*Y*(“N”表示自然冷却，“100”表示温度为 100 ℃，“5”表示交替 5 次，“*Y*”依次为 1、2、3)。

(5) 重复以上相关步骤，使花岗岩在 100～700 ℃下分别经历 5 次、10 次、15 次、20 次、25 次的水冷却、自然冷却冷热交替处理。

(6) 不同温度下冷热交替作用完成后，对所有的试件进行抗拉强度试验，测试两种冷却方式作用后花岗岩的抗拉强度。

经历冷热交替处理后的试件如表 3-1 所示。从表中可以看出，经历不同温度冷热交替处理后的试件表观颜色发生了明显的改变，由低温阶段的灰黑色变为中温阶段的灰白色，最后转变为高温阶段的土黄色。同时试件的结构也发生了改变，由中低温阶段的无裂纹逐渐向高温阶段出现微细小或者较大的裂纹转变；其中值得说明的是水冷却下的试件变化尤为明显，W600-20、W600-25、W700-20、W700-25 等试件破坏较严重，在遇水冲击损伤作用下呈碎块状，已经无法进行抗拉强度试验，说明温度交替对试件的表观和内部损伤具有一定的影响，尤其在高温高交替次数下对花岗岩的影响更为剧烈，同时还说明了水冷却方式下试件的损伤程度大于自然冷却方式下试件的损伤程度。

表 3-1　冷热交替作用后试件图

<table>
<tr><th></th><th>第一组(100～700 ℃)</th><th>第二组(100～700 ℃)</th><th>第三组(100～700 ℃)</th></tr>
<tr><td>W5</td><td rowspan="10"></td><td rowspan="10"></td><td rowspan="10">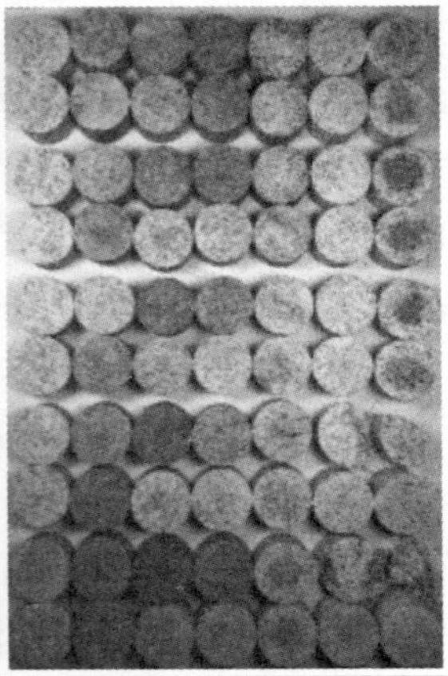</td></tr>
<tr><td>N5</td></tr>
<tr><td>W10</td></tr>
<tr><td>N10</td></tr>
<tr><td>W15</td></tr>
<tr><td>N15</td></tr>
<tr><td>W20</td></tr>
<tr><td>N20</td></tr>
<tr><td>W25</td></tr>
<tr><td>N25</td></tr>
</table>

3.1.2　试验设备及方法

试验设备主要包括压力机、声发射监测系统和工业相机 3 种(图 3-1),其中采用的加载设备是微机控制电子万能试验机,初始施加 600 N 的预荷载来固定试件,以位移控制的方式进行加载,加载速率为 0.1 mm/s;采用 PCI-2 型声发射监测系统对试件破裂过程中能量的释放进行实时监测,加载时使压力机与声发射监测系统同步开启,以保持采集信号一致;同时使用工业相机对试件进行拍照,记录岩石破裂时裂纹扩展的全过程。

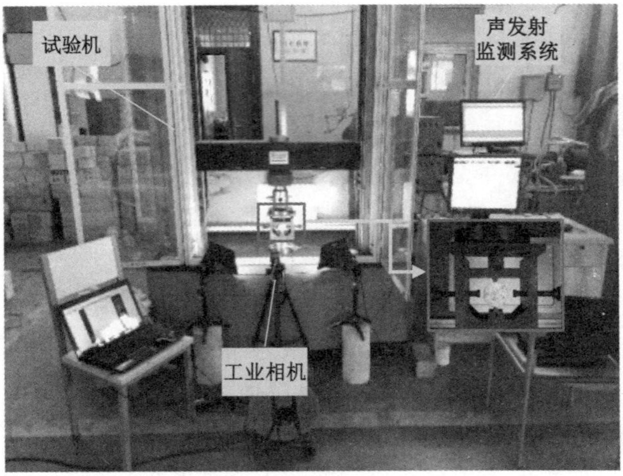

图 3-1　试验设备

抗拉强度试验具体过程为：

(1) 将巴西圆盘试件置于夹具劈刀上，通过旋转两端的螺丝使试件中轴线与上下劈刀处于一条直线上，确保劈刀与试件垂直，避免出现偏心加载，然后将盖板置于夹具上方，并使之处于水平状态。

(2) 启动压力机，使之缓慢下移至与盖板接触并施加预应力，然后将两端的螺丝拧松，避免压缩过程出现侧向约束。调试好声发射系统，并将探头置于模具下方。架设好工业相机，使镜头对准巴西圆盘试件表面。

(3) 同时启动压力机、声发射监测系统和工业相机进行抗拉强度试验，压力机对试件施加荷载，声发射监测系统监测破裂过程中能量的变化，工业相机采集裂纹扩展的情况。

抗拉强度试验采用的夹具是三角形夹具(图 3-2)，其抗拉强度由下式计算：

$$\sigma_t = \frac{2p}{\pi DL} \tag{3-1}$$

式中　σ_t——岩石的抗拉强度，MPa；

L——试件的厚度，mm；

D——试件的直径，mm；

p——试件破坏荷载，kN。

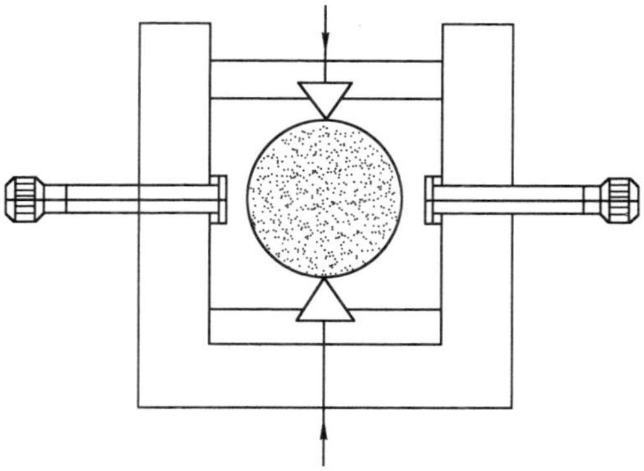

图 3-2　三角形夹具示意图

3.2　冷热交替作用后花岗岩抗拉强度试验结果分析

3.2.1　纵波波速的变化规律

岩石纵波波速是对岩石内部裂纹敏感度的判别标准，它的变化能够反映出岩石内部的损伤程度。本书选用的花岗岩试件在未经过任何处理情况下的波速为 1 386 m/s，经过不同温度冷热交替作用后，波速下降幅度较为明显，如图 3-3 所示。由图可见，在同一交替次数下，随着温度的升高，波速下降幅度增大，说明温度越高对于岩石的损伤越大，这与 Yavuz 等[105]和 Sun 等[91]的研究结果相一致。

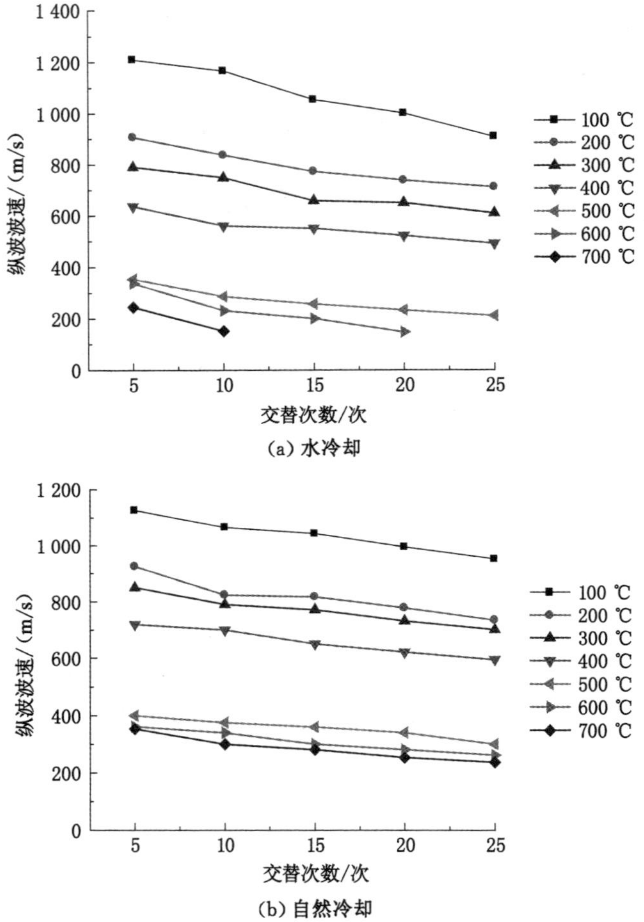

(b) 自然冷却

图 3-3　冷热交替作用后花岗岩纵波波速变化

从图 3-3 还可以得出：① 两种冷却方式下的波速均随着温度交替次数的增加呈下降的趋势，且水冷却方式下的波速下降幅度大于自然冷却方式下波速的下降幅度。② 在水冷却的作用下，当温度为 700 ℃时，圆盘试件在经历到第 13 次交替作用时已严重破坏，所以之后的试件均未测得波速。③ 两种冷却方式下的试件，当温度处于低中温（100～400 ℃）时，波速几乎均大于 600 m/s，与高温阶段的差别较大，500～700 ℃时试件的波速均较小，可以看出同一交替次数下温度越高对试件内部的损伤也越大。同一温度作用下，随着交替次数的不断增加，波速同样呈下降趋势，但变化幅度不大。④ 经过冷热交替作用后的试件与未经过任何处理的试件相比，波速降低幅度较大，说明冷热交替作用对试件内部的损伤具有一定的影响。

3.2.2 荷载-时间曲线的变化规律

通过对两种冷却方式下花岗岩抗拉强度试验结果进行分析，绘制了如图 3-4 所示的荷载-时间曲线，从图中可以看出，当岩样温度小于 400 ℃时，两种冷却方式下的试件在加载过程中所用的时间变化差异均较小，说明在此温度阶段下试件的强度并未因温度以及冷却方式的改变而发生较大的变化，而是随着交替次数的增加呈下降趋势，相同温度时水冷却方式下荷载随交替次数增加而下降的幅度大于自然冷却方式下的。

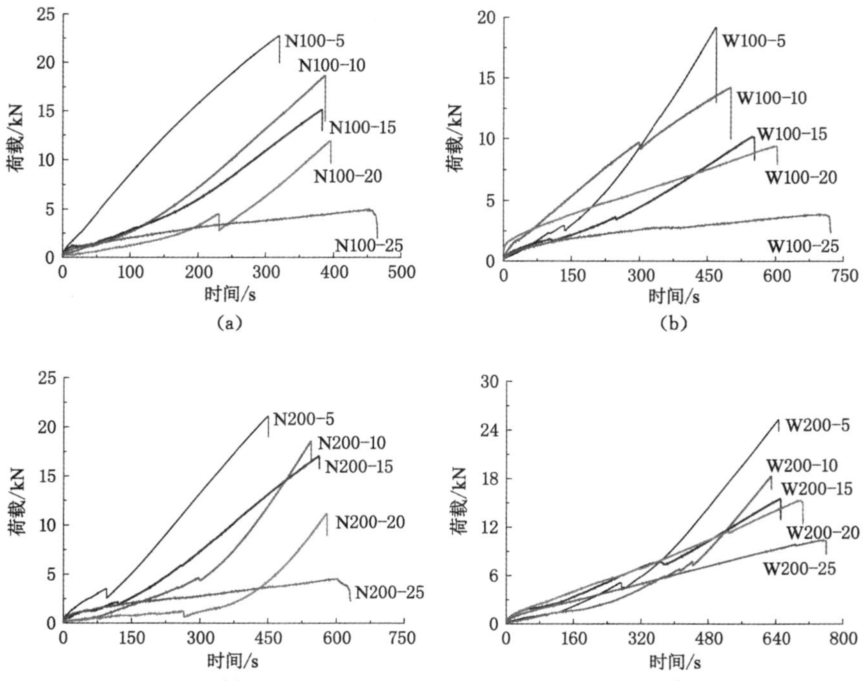

图 3-4　花岗岩在不同温度交替作用后的荷载-时间曲线

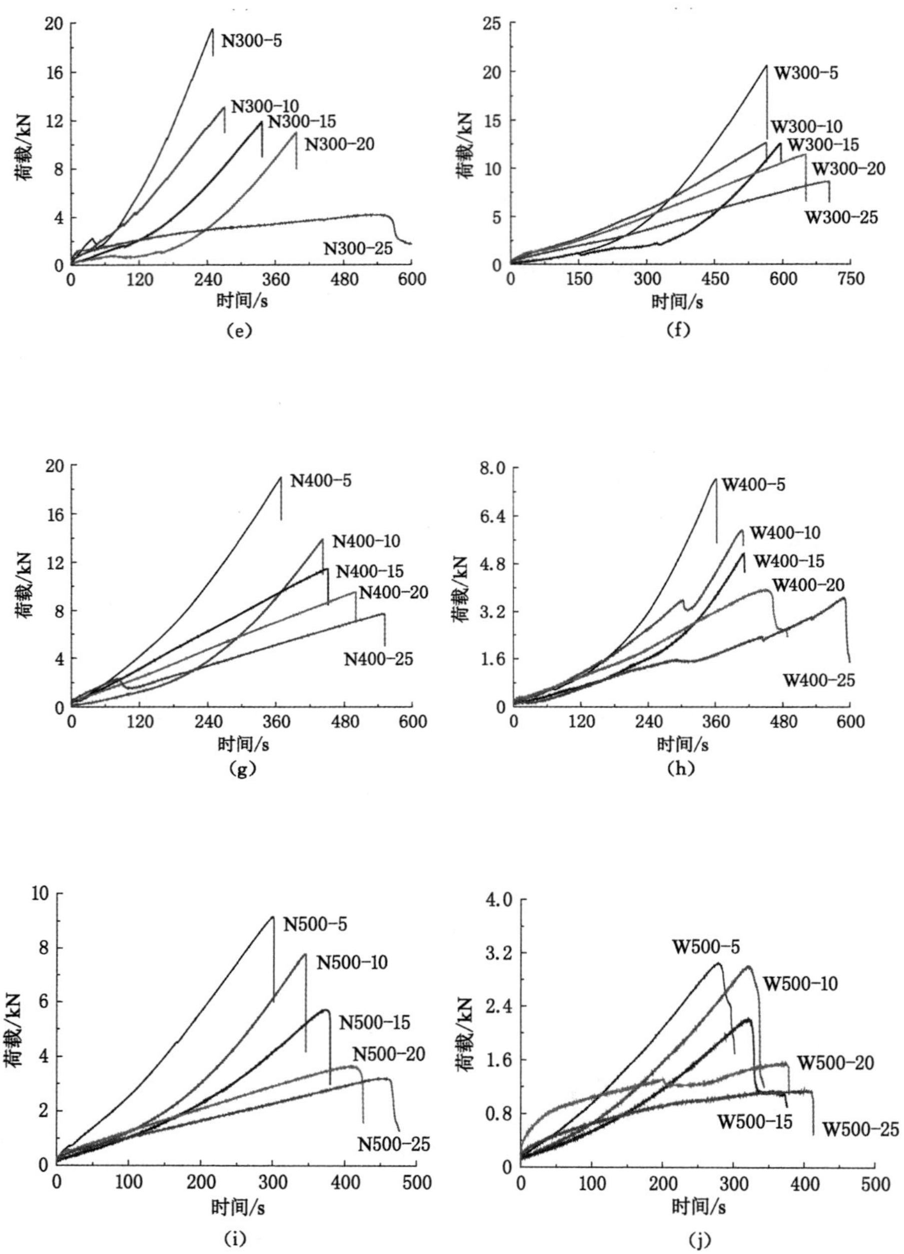
荷载/kN
时间/s
N300-5
N300-10
N300-15
N300-20
N300-25
(e)
W300-5
W300-10
W300-15
W300-20
W300-25
(f)
N400-5
N400-10
N400-15
N400-20
N400-25
(g)
W400-5
W400-10
W400-15
W400-20
W400-25
(h)
N500-5
N500-10
N500-15
N500-20
N500-25
(i)
W500-5
W500-10
W500-15
W500-20
W500-25
(j)

图 3-4 （续）

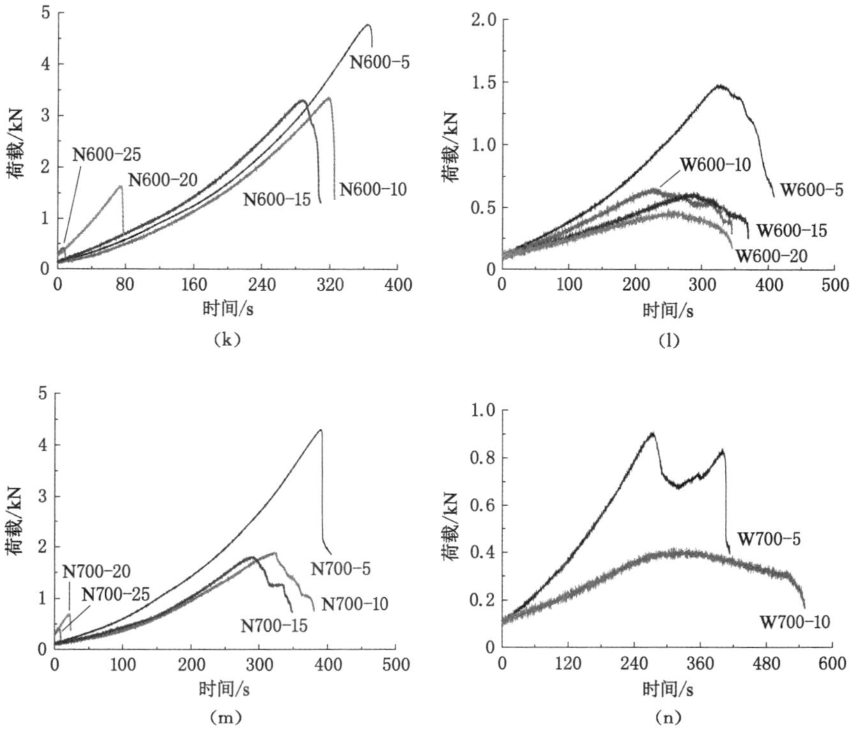

图 3-4 （续）

值得注意的是，当温度大于 500 ℃时，随着交替次数的逐渐增加，试件的峰后曲线出现了渐进破坏现象。当温度为 600 ℃和 700 ℃时，随着交替次数的增加，水冷却方式下试件的完整性越来越差，例如试件 W600-25、W700-15、W700-20、W700-25 在加热后水冷却的过程中已经遭到严重破坏，所以没有测得其对应的抗拉强度值，而自然冷却方式下试件在高温下表面呈现出龟裂裂纹未影响试验，但是其抗拉强度降幅却较大，故交替冷却方式及次数对于高温花岗岩的强度变化具有显著的影响，高温下试件的强度降低明显，同时也验证了高温高交替次数下的花岗岩强度受冷却方式的影响也较大。

3.2.3　冷热交替和冷却方式对花岗岩抗拉强度的影响

不同温度冷热交替作用后的花岗岩抗拉强度试验结果如表 3-2 所示，需要说明的是一些试件在高温、水冷却交替作用下已经遭到破损无法试验，因此所对应的抗拉强度数据存在缺失。根据表 3-2 得到花岗岩的抗拉强度随温度和交替次数的变化曲线如图 3-5 所示。

表 3-2 不同温度和冷却方式下花岗岩抗拉强度试验结果

试件编号	p/kN	$\overline{p}$/kN	σ_t/MPa	$\overline{\sigma_t}$/MPa
N100-5-1	22.27	22.48	11.51	11.62
N100-5-2	22.73		11.75	
N100-5-3	22.45		11.60	
N100-10-1	18.73	18.79	9.49	9.52
N100-10-2	19.04		9.65	
N100-10-3	18.59		9.42	
N100-15-1	14.59	14.82	7.60	7.72
N100-15-2	15.07		7.85	
N100-15-3	14.80		7.71	
N100-20-1	11.93	12.09	6.00	6.08
N100-20-2	12.33		6.20	
N100-20-3	12.01		6.04	
N100-25-1	4.53	4.74	2.39	2.50
N100-25-2	4.91		2.59	
N100-25-3	4.78		2.52	
N200-5-1	20.32	20.80	10.50	10.75
N200-5-2	20.90		10.80	
N200-5-3	21.19		10.95	
N200-10-1	18.10	18.00	9.50	9.45
N200-10-2	17.52		9.20	
N200-10-3	18.37		9.65	
N200-15-1	17.30	17.26	8.70	8.68
N200-15-2	17.50		8.80	
N200-15-3	16.98		8.54	
N200-20-1	11.16	11.14	5.70	5.69
N200-20-2	10.77		5.50	
N200-20-3	11.49		5.87	
N200-25-1	4.60	4.42	2.40	2.32
N200-25-2	4.27		2.25	
N200-25-3	4.40		2.31	

表 3-2(续)

试件编号	p/kN	$\overline{p}$/kN	σ_t/MPa	$\overline{\sigma_t}$/MPa
N300-5-1	12.64	12.48	6.75	6.66
N300-5-2	12.18		6.50	
N300-5-3	12.61		6.73	
N300-10-1	11.67	11.57	6.10	6.05
N300-10-2	11.94		6.25	
N300-10-3	11.09		5.80	
N300-15-1	11.15	11.03	5.65	5.59
N300-15-2	10.06		5.10	
N300-15-3	11.88		6.02	
N300-20-1	4.40	4.24	2.20	2.12
N300-20-2	4.10		2.05	
N300-20-3	4.21		2.11	
N300-25-1	2.37	2.23	1.21	1.14
N300-25-2	2.11		1.08	
N300-25-3	2.21		1.13	
N400-5-1	19.00	18.72	9.80	9.67
N400-5-2	18.44		9.53	
N400-5-3	18.73		9.68	
N400-10-1	14.49	14.21	7.20	7.06
N400-10-2	13.90		6.90	
N400-10-3	14.24		7.08	
N400-15-1	11.60	11.43	5.90	5.83
N400-15-2	10.96		5.60	
N400-15-3	11.73		5.99	
N400-20-1	9.20	9.00	4.95	4.85
N400-20-2	8.70		4.70	
N400-20-3	9.10		4.90	
N400-25-1	7.70	7.46	4.05	3.93
N400-25-2	8.44		4.45	
N400-25-3	6.24		3.29	

表 3-2(续)

试件编号	p/kN	$\overline{p}$/kN	σ_t/MPa	$\overline{\sigma_t}$/MPa
N500-5-1	8.80	8.72	4.70	4.66
N500-5-2	8.40		4.50	
N500-5-3	8.95		4.78	
N500-10-1	7.86	7.82	4.00	3.97
N500-10-2	7.40		3.75	
N500-10-3	8.20		4.16	
N500-15-1	5.87	5.66	3.00	2.91
N500-15-2	5.48		2.85	
N500-15-3	5.64		2.88	
N500-20-1	3.62	3.47	1.93	1.85
N500-20-2	3.77		2.01	
N500-20-3	3.02		1.61	
N500-25-1	3.18	3.06	1.70	1.63
N500-25-2	2.90		1.55	
N500-25-3	3.10		1.64	
N600-5-1	4.80	4.67	2.50	2.44
N600-5-2	5.01		2.62	
N600-5-3	4.21		2.20	
N600-10-1	3.13	3.35	1.60	1.71
N600-10-2	3.23		1.65	
N600-10-3	3.68		1.88	
N600-15-1	3.30	3.20	1.72	1.68
N600-15-2	2.94		1.55	
N600-15-3	3.36		1.77	
N600-20-1	1.69	1.56	0.90	0.83
N600-20-2	1.46		0.78	
N600-20-3	1.52		0.81	
N600-25-1	1.19	1.13	0.62	0.59
N600-25-2	1.05		0.55	
N600-25-3	1.15		0.60	

表 3-2(续)

试件编号	p/kN	$\overline{p}$/kN	σ_t/MPa	$\overline{\sigma}_t$/MPa
N700-5-1	4.31	4.25	2.23	2.19
N700-5-2	4.00		2.05	
N700-5-3	4.43		2.29	
N700-10-1	1.84	1.90	0.93	0.96
N700-10-2	1.87		0.95	
N700-10-3	2.00		1.00	
N700-15-1	1.76	1.81	0.90	0.92
N700-15-2	1.66		0.85	
N700-15-3	2.00		1.01	
N700-20-1	0.70	0.70	0.35	0.35
N700-20-2	0.60		0.30	
N700-20-3	0.80		0.40	
N700-25-1	0.20	0.20	0.10	0.11
N700-25-2	0.30		0.18	
N700-25-3	0.09		0.05	
W100-5-1	18.30	18.67	9.50	9.80
W100-5-2	19.60		9.60	
W100-5-3	18.10		10.30	
W100-10-1	13.90	13.47	7.50	7.25
W100-10-2	14.90		8.00	
W100-10-3	11.61		6.25	
W100-15-1	10.62	9.83	5.60	5.18
W100-15-2	9.30		4.90	
W100-15-3	9.56		5.04	
W100-20-1	9.40	8.98	5.00	4.79
W100-20-2	9.33		4.98	
W100-20-3	8.22		4.39	
W100-25-1	4.00	3.84	2.03	1.96
W100-25-2	3.70		1.90	
W100-25-3	3.83		1.95	

表 3-2(续)

试件编号	p/kN	$\overline{p}$/kN	σ_t/MPa	$\overline{\sigma}_t$/MPa
W200-5-1	22.95	24.06	12.30	12.90
W200-5-2	25.18		13.50	
W200-5-3	24.06		12.90	
W200-10-1	17.94	17.64	9.50	9.34
W200-10-2	17.36		9.19	
W200-10-3	17.62		9.33	
W200-15-1	15.17	14.96	8.00	7.89
W200-15-2	14.60		7.70	
W200-15-3	15.11		7.97	
W200-20-1	15.04	14.85	7.90	7.80
W200-20-2	15.10		7.93	
W200-20-3	14.41		7.57	
W200-25-1	9.90	9.81	5.35	5.30
W200-25-2	10.54		5.70	
W200-25-3	9.00		4.85	
W300-5-1	21.07	20.07	11.02	10.50
W300-5-2	18.92		9.90	
W300-5-3	20.23		10.58	
W300-10-1	12.45	12.30	6.51	6.43
W300-10-2	13.54		7.08	
W300-10-3	10.90		5.70	
W300-15-1	12.73	12.61	6.45	6.39
W300-15-2	12.97		6.57	
W300-15-3	12.14		6.15	
W300-20-1	12.04	11.56	6.03	5.79
W300-20-2	10.88		5.45	
W300-20-3	11.76		5.89	
W300-25-1	8.71	8.57	4.45	4.38
W300-25-2	8.83		4.51	
W300-25-3	8.18		4.18	

表 3-2(续)

试件编号	p/kN	$\overline{p}$/kN	σ_t/MPa	$\overline{\sigma_t}$/MPa
W400-5-1	7.59	7.38	4.00	3.89
W400-5-2	7.57		3.99	
W400-5-3	6.98		3.68	
W400-10-1	6.05	5.89	3.10	3.02
W400-10-2	6.28		3.22	
W400-10-3	5.34		2.74	
W400-15-1	5.10	4.95	2.70	2.62
W400-15-2	5.14		2.72	
W400-15-3	4.61		2.44	
W400-20-1	4.03	3.84	2.10	2.00
W400-20-2	4.13		2.15	
W400-20-3	3.36		1.75	
W400-25-1	3.71	3.60	1.92	1.86
W400-25-2	3.68		1.90	
W400-25-3	3.41		1.76	
W500-5-1	3.00	3.12	1.49	1.55
W500-5-2	3.04		1.51	
W500-5-3	3.32		1.65	
W500-10-1	2.94	3.00	1.50	1.53
W500-10-2	2.90		1.48	
W500-10-3	3.15		1.61	
W500-15-1	2.32	2.17	1.20	1.12
W500-15-2	2.03		1.05	
W500-15-3	2.15		1.11	
W500-20-1	1.52	1.50	0.80	0.79
W500-20-2	1.39		0.73	
W500-20-3	1.60		0.84	
W500-25-1	1.17	1.13	0.60	0.58
W500-25-2	0.96		0.49	
W500-25-3	1.27		0.65	

表 3-2(续)

试件编号	p/kN	$\overline{p}$/kN	σ_t/MPa	$\overline{\sigma_t}$/MPa
W600-5-1	1.47	1.43	0.77	0.75
W600-5-2	1.32		0.69	
W600-5-3	1.51		0.79	
W600-10-1	0.68	0.64	0.35	0.33
W600-10-2	0.56		0.29	
W600-10-3	0.68		0.35	
W600-15-1	0.55	0.59	0.29	0.31
W600-15-2	0.67		0.35	
W600-15-3	0.56		0.29	
W600-20-1	0.40	0.46	0.20	0.23
W600-20-2	0.53		0.27	
W600-20-3	0.44		0.22	
W600-25-1	—	—	—	—
W600-25-2	—		—	
W600-25-3	—		—	
W700-5-1	0.99	0.91	0.50	0.46
W700-5-2	0.80		0.40	
W700-5-3	0.95		0.48	
W700-10-1	0.39	0.39	0.20	0.20
W700-10-2	0.49		0.25	
W700-10-3	0.29		0.15	
W700-15-1	—	—	—	—
W700-15-2	—		—	
W700-15-3	—		—	
W700-20-1	—	—	—	—
W700-20-2	—		—	
W700-20-3	—		—	
W700-25-1	—	—	—	—
W700-25-2	—		—	
W700-25-3	—		—	

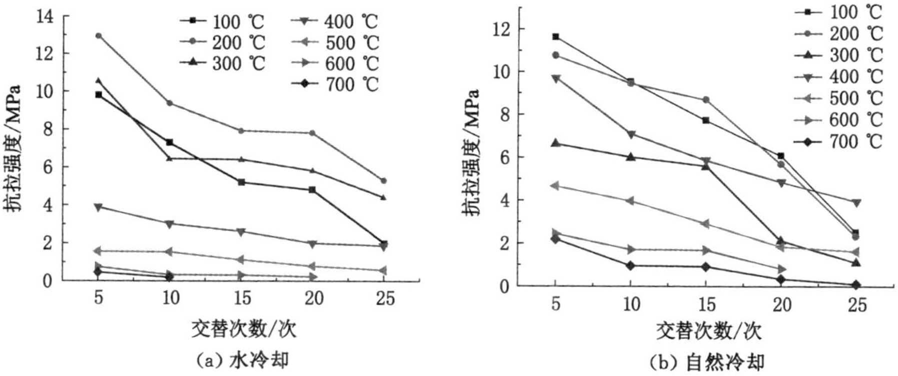

图 3-5　不同温度交替下花岗岩平均抗拉强度曲线图

从图 3-5 中的试验结果可以看出试件的抗拉强度随交替次数的增加呈下降趋势，并且在相同温度交替作用下，水冷却方式下试件的抗拉强度下降幅度整体大于自然冷却方式下试件的下降幅度。当试件处于中低温阶段(100～400 ℃)时，在同一温度的作用下试件的强度随交替次数的增加下降幅度较大；当处于高温阶段(500～700 ℃)时，试件的强度下降幅度明显减缓。这主要是由于试件在高温、水冷却交替冲击的过程中，其内部的矿物受热应力的影响，产生非均匀的“膨胀-收缩”循环变形，使得试件边界产生了大量的裂纹，从而在试件加载的过程中，试件内部的颗粒之间产生微小的滑动与摩擦，与常温状态下的试件相比，试件内部积聚的能量已经得到释放，所以试件破坏的突发性会减弱。由于随温度和交替次数的增加，试件内部存在的孔隙和弱面也随之增大，试件受载时抗拉强度也会相应降低，说明温度和交替次数的增加对试件抗拉强度有一定的弱化作用。

另外，通过对比水冷却与自然冷却两种冷却方式可以看出，水冷却交替后的试件强度整体上低于自然冷却后的试件，说明试件在高温、水冷却交替作用后损伤较为明显。袁璞等[106]在研究中指出岩石在浸水的过程中，矿物颗粒冷却收缩，并以拉应力为主，在岩石干燥时，矿物颗粒会发生膨胀，此时以压应力为主。在往复交替的作用下，颗粒之间的拉压作用不断转换，使得颗粒与颗粒之间产生微裂纹，而且裂纹会不断扩展贯通，导致试件的强度降低。同时，岩石在浸水的过程中，内部水的溶解、侵蚀与软化作用也会导致颗粒间的黏结作用降低，而且这种黏结的损失并不会随着岩石的干燥而恢复，随着温度和交替作用的不断增加，这种损伤不断积累，造成花岗岩物理力学性能不断降低[107]。总之，抗拉强度的变化是在不同温度和冷热交替损伤双重作用下的结果。

3.3 冷热交替作用后花岗岩劈裂破坏声发射特征分析

声发射作为一种无损检测手段，可以定性以及定量地反映出岩石破裂演化的过程，体现岩石受拉破裂的特征，具有一定的使用价值[108]。当岩石受外力的作用时，岩石内部的能量会积聚，当积累到一定程度时会造成岩石的损伤甚至破坏，而声发射事件数主要集中出现在试件破坏阶段。

3.3.1 冷热交替作用后花岗岩能量释放特征分析

随着交替次数的增加，试件内部会产生更多的新生裂隙，而裂隙萌发与扩展直到贯通，最终导致试件破坏是试件在加载时的变化过程[109]，这一过程可以反映出试件的强度等力学参数信息，如果同时加上声发射的监测，可以准确地判断出试件在加载过程中能量的变化规律。试件在即将破坏之前声发射能量的变化会突然剧增，能量数也突然增多，这就可以间接地预测试件的破坏规律，为工程实际中岩石破坏失稳提供一定的指导。

通过观察图 3-6 可以看出，两种冷却方式下的花岗岩能量均随着温度的升高呈下降趋势；同样的，同一温度作用下，随着交替次数的逐渐增加，试件能量也呈下降趋势，这也与应力曲线相吻合。值得注意的是，在相同温度交替作用下，水冷却方式下试件的能量比自然冷却方式下试件的能量均要低。从图中可以明显地看到，水冷却方式下当温度达到 700 ℃且交替次数为 15 次及以后的能量均没有出现，这主要是因为这时的试件破坏较为严重，声发射监测到的数据已明显较小，这里就没有列出。

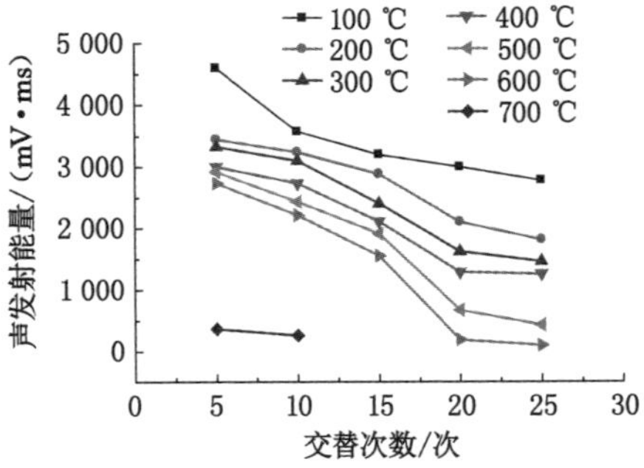

(a) 水冷却

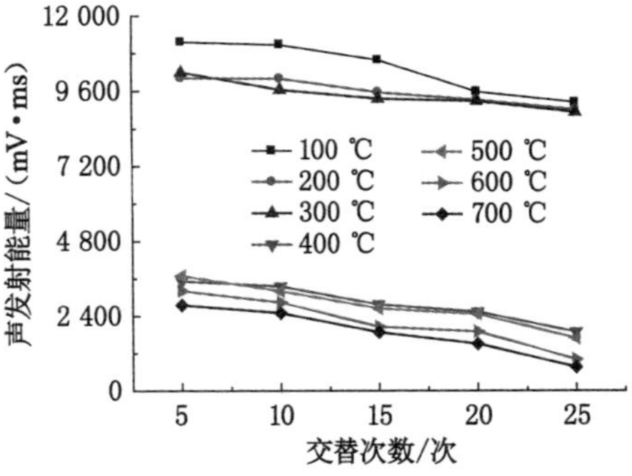

(b) 自然冷却

图 3-6 花岗岩能量演化图

图 3-6(a)为水冷却交替作用后能量的变化曲线图，可以将能量变化分为两个阶段：① 交替 5～15 次为缓慢下降阶段。在此阶段的试件能量均较大，说明试件在交替达到 15 次之前的能量变化较小，以温度为 600 ℃时为例，能量由 2 733 mV · ms 下降到 1 550 mV · ms，下降幅度为 43.29%。② 交替 15～25 次为快速下降阶段。在此阶段下的试件能量变化较大，由 1 550 mV · ms 下降到 101 mV · ms，下降幅度达到了 93.48%。可以看出交替 15～25 次的试件能量下降幅度大于交替 5～15 次的，这就说明水冷却方式下的试件交替次数越多，对试件的损伤越严重。

图 3-6(b)为自然冷却交替作用后能量的变化曲线图，可以看出能量变化曲线下降的斜率相近，但不同温度间能量变化较大：① 100～300 ℃时的声发射能量变化较大，在此阶段下的花岗岩声发射能量会随着温度升高和交替次数增加呈逐渐下降趋势。② 400～700 ℃ 时的声发射能量与 100～300 ℃时的相差较大，冷热交替 5 次时，声发射能量从 100 ℃时的 10 021 mV · ms 下降至 400 ℃时的 3 525 mV · ms，其下降幅度达到了 64.8%。

3.3.2　花岗岩破裂过程及能量演化特征分析

为了反映花岗岩破裂过程及能量演化特征[110-111]，采用数字摄像技术捕捉岩石裂纹扩展，同时用声发射系统监测能量释放，高温作用后花岗岩试件会由脆性向延性转化[101]。

图 3-7 为水冷却方式下 100～600 ℃交替次数为 15 次时花岗岩的破裂及能量演化图，在图中列举了水冷却方式下巴西劈裂试件的破裂全过程结合声发射能量变化的过程及荷载随时间变化的曲线。① 从图可以看出，试件的声发射能量曲线与荷载-时间曲线具有很好的一致性。当试件破坏时声发射能量值也达到最大，在加载的过程中试件出现微小破裂都会影响荷载-时间曲线的变化，此时声发射能量也同样发生相应的改变，说明在试验的过程中压力机与声发射监测系统能够很好地监测试件内部与外部的变化过程。② 从破裂图中可以大致将劈裂破坏的过程分为两类：第一类为 100～300 ℃时的巴西劈裂，可以看出当温度在 100～300 ℃时较难捕捉到试件劈裂的完整过程，因为在破坏的瞬间速度是相对较快的，试件从完整到破坏只在一瞬间，所以在图中显示的破裂过程相对较少，只捕捉到破坏前与破坏后的图，而 300 ℃时试件已经出现渐进破坏的趋势，但是最终表现为脆性破坏的特征。在此温度阶段下，由于试件的强度相对较大，所以在劈裂的过程中试件是从劈刀的刀尖处开始起裂的。第二类为 400～600 ℃时的巴西劈裂，在此温度阶段下花岗岩试件属于渐进破裂，可以很好地捕捉到试件劈裂破坏的全过程，这可能是由于当温度达到 400 ℃以上并且

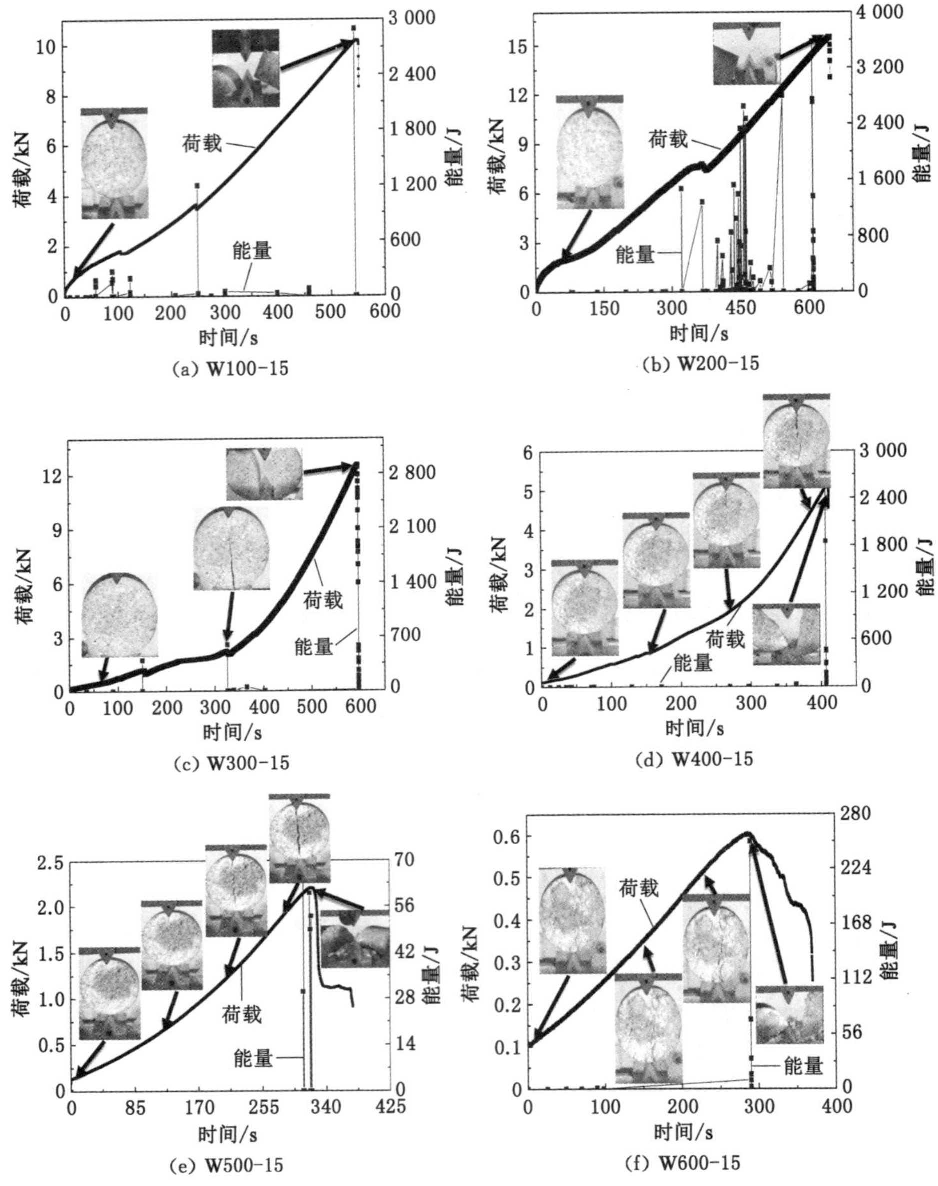

(a) W100-15　(b) W200-15
(c) W300-15　(d) W400-15
(e) W500-15　(f) W600-15

图 3-7　花岗岩破裂及能量演化图

交替次数达到 15 次时,试件由脆性破坏向延性破坏过渡,试件表现出明显的延展性,劈裂时的速度也相对较缓慢。当温度在此阶段时,由于试件强度相对低温阶段时的低,所以在劈裂的过程中是从试件边缘产生的裂纹开始起裂的,最后达到贯通破坏。当试件处于高温高交替次数下时，试件表面已经产生了微裂纹，所以在劈裂的过程中，试件首先从微裂纹处起裂、扩展、贯通直至破坏或者沿着劈刀的刀尖处起裂、扩展。③ 尤其值得注意的是，当水冷却方式下试件温度达到 400 ℃时，在加载之前，其试件边缘已经有明显微细小的裂纹，这些裂纹主要是在加热-冷却反复的过程中形成的。在加载初期，岩石内部的原生裂隙被压缩，导致试件在弹性变形阶段出现了少量的声发射信号；当试件加载到 255 s 时，裂纹从上到下逐渐开始扩展，同时声发射能量开始积聚，且整体活动变化明显，直到试件达到最大峰值应力时破坏的瞬间，声发射计数也开始呈急剧上升并达到最大值，同时由图可以看出破裂过程首先是由微细小的裂纹逐渐扩展、延伸并贯通形成一条宏观的大裂纹，最终导致试件的破坏。④ 在劈裂的过程中，可以看出试件在逐步裂开时，试件由于较为酥松而产生的颗粒碎渣也逐渐掉落，而且温度越高，掉落的碎渣越多。

自然冷却方式下试件声发射特征与水冷却方式下试件的相似，但由于自然冷却方式下试件强度较高，所以其劈裂的过程与水冷却方式下试件在 100～300 ℃时的劈裂一样，呈快速破裂。同时观察到试件首先在中间沿直径方向上产生了微细小的裂纹，随着荷载的进一步增加，微裂纹逐渐开始增多，并且向两端扩展延伸直至贯通形成一条大裂纹。试件劈裂过程一般是从初始细观裂纹逐渐扩展最终呈宏观破坏，并伴有能量释放的过程。这与姜德义等[112]、齐群等[113]和王崔林等[114]的研究结果一致。

3.3.3　破坏模式分析

图 3-8 为不同温度交替作用后花岗岩的破坏图，可以看出随着温度和交替次数的增加，花岗岩的破坏程度较为明显，且水冷却方式下试件的劣化程度明显大于自然冷却方式下试件的劣化程度。在劈裂破坏的试件中大部分都沿径向分成两半，但是随着温度和交替次数的变化，裂纹的形状、数量以及试件破损程度也逐渐发生改变。另外从表观颜色上可以看出，随着温度的增加，试件逐渐由灰黑色向土黄色转变。

(1) 低温阶段：当温度为 100～200 ℃时，试件主裂纹沿着受力方向并且穿过圆盘中心，两种冷却方式下均是沿试件直径方向破裂，试件被均匀地劈裂成两半，并且破裂面较光滑，粗糙度不大，试件在破坏后还可以较好地吻合到一起，可以将其称为“直线型”，这与 Bohloli[115]、Wong 等[116]和张玉良[117]在常温状态下的研究结果一致。由于在低温阶段下试件脆性破坏特征较为明显，从显微薄片图中可以观察到其主要的破坏特征为穿晶破坏，所以在破坏的过程中沿着直径方向破裂，其破裂线较为垂直，没有出现弯曲复杂的裂纹。当试件处于

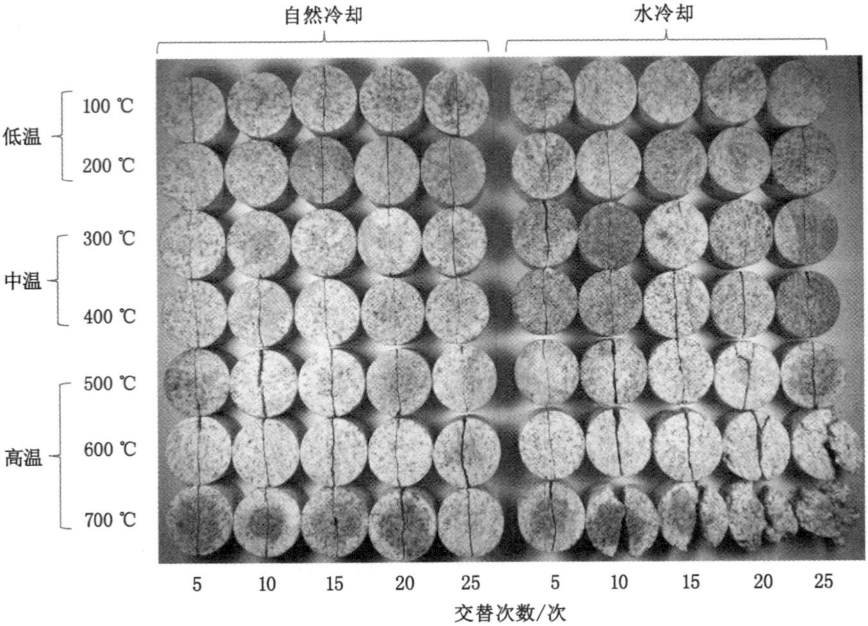

图 3-8　不同温度交替冷却作用后花岗岩巴西劈裂破坏图

低温阶段时，试件随交替次数的增加其裂纹的破坏模式较为单一，均为沿直径方向进行劈裂。

（2）中温阶段：当温度为 300～400 ℃时，主裂纹呈圆弧状分布，并且偏离圆盘中心呈现出剪切拉伸混合破坏，可以将其称为“弧线型”。在此温度作用下，试件仍属于脆性破坏，破坏后完整性也较好。同样的，试件的脆性度还较高，但是由于温度的升高，试件在破裂的过程中裂纹发生了一定的偏转，会沿着有裂纹或内部结构较弱的区域发展。当试件处于中温阶段时，试件的破坏模式也处于低高温过渡阶段，主要为与试件的直径偏离一定弧度的劈裂破坏。

（3）高温阶段：当温度为 500～700 ℃时试件破坏模式较为复杂，温度的升高、交替以及冷却方式等多重因素对岩石的完整性影响较大，导致巴西劈裂试件破坏模式呈多样化，有的沿着试件直径方向进行劈裂，也有的与试件直径方向产生一定角度或弧度进行劈裂，还有的在劈裂的过程中产生了二次裂纹，试件在破坏后完整性较差，出现了颗粒碎渣现象。同时在高交替次数下水冷却方式下的破坏模式明显比自然冷却方式下的更加复杂。在此温度作用下的试件逐渐由脆性向延性转化，试件的强度也随温度和交替次数的增加而大大降低，其内部的孔裂隙也相对较多，所以在破坏的过程中会产生二次裂纹，同时伴随颗粒碎渣的出现。当处于高温阶段时，随交替次数的增加，试件劈裂破坏模式较为多样复杂，伴有分叉裂纹和颗粒碎渣的出现。

高温阶段随着交替次数的增加，两种冷却方式下花岗岩的破裂模式更加复杂和不同。当温度为 500 ℃时，试件主裂纹穿过圆盘中心，且随着交替次数的增加，有较少的次生裂纹产生，此温度下试件的完整性相对较好，但断口表面较为粗糙。自然冷却条件下温度为 600 ℃和 700 ℃的花岗岩试件随交替次数的逐渐增加表面变得光滑，试验时大多在试件中间产生较大的裂缝，破坏时伴随有小碎块掉落；而水冷却条件下温度为 600 ℃和 700 ℃的花岗岩随交替次数的增加，试件损伤越来越大并伴有龟裂裂纹产生，同时试件边缘也有颗粒掉落的现象，破坏后的试件较不完整，使得破裂面不能够完全重合，存在空缺现象，可以看出当温度为 600 ℃和 700 ℃且交替次数达到 20 次时，水冷却方式下试件均是沿着主裂纹与产生的二次微裂纹方向破裂。通过观察还可以发现，当试件的温度超过 500 ℃时，断口表面较为粗糙。经过分析对比可以看出，水冷却交替后的试件变化较自然冷却交替后的试件变化大，说明水冷却交替对岩石的冲击较为强烈。

从宏观断裂面上可以看出，中低温段的破裂面大多较为平整，几乎没有产生碎屑以及碎片，破裂线也较为垂直，同时在破坏时还会产生剧烈的声响。随着交替温度的升高，破裂线变得逐渐曲折，由垂直的线向弯曲的线逐渐转变，同时也是岩石由脆性向延性转变的过程，表现为抗拉强度逐渐减弱。

由于试件是在交替损伤后进行的抗拉强度试验，所以其破坏机理也是基于交替损伤后形成的，在交替冷却的过程中，试件内部已经产生了微裂缝，所以在加载时，试件首先会沿着微裂缝进行扩展延伸。① 低温阶段：试件处于低温阶段时，温度和交替次数对试件产生的影响均较小，所以此时与常温状态下的破坏模式一致；同时从显微薄片图中可以看出，试件主要以穿晶裂纹为主，试件在破裂面表现为平直的状态。② 中温阶段：当处于该阶段时，试件开始受温度和交替次数的影响，主要以沿晶破坏为主，其破坏面表现为凹凸不平。③ 高温阶段：当处于高温阶段时，试件周围已经出现了明显的损伤裂纹，所以在加载的过程中首先从裂纹处起裂并且逐渐扩展，故破坏后的模式也较为多样复杂，二次裂纹主要是在交替冷却过程中由微裂纹所形成的。

为了研究不同温度交替处理后花岗岩内部微裂纹的变化规律，选取典型花岗岩在 600 ℃下交替作用的试件进行观察，显微薄片如图 3-9 所示，图中①代表沿晶破坏，②代表穿晶破坏；经过不同交替冷却处理后，花岗岩的组成矿物种类未发生明显的改变，主要由石英、长石、黑云母及少量的其他矿物组成。

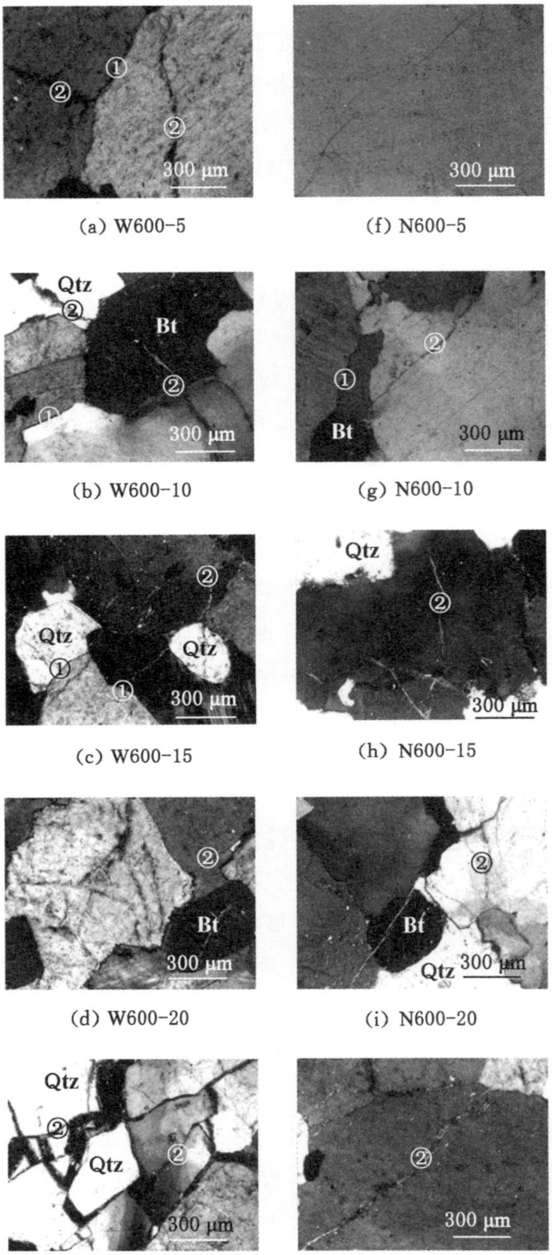

(a) W600-5　(f) N600-5

(b) W600-10　(g) N600-10

(c) W600-15　(h) N600-15

(d) W600-20　(i) N600-20

(e) W600-25　(j) N600-25

图 3-9　显微薄片图

图 3-9(a)～(e)为 600 ℃水冷却交替作用后花岗岩的显微薄片图，由图可见，试件内部萌生了大量的穿晶裂纹与沿晶裂纹，并且穿晶裂纹贯通了长石、石英和黑云母矿物，试件交替次数低于 15 次时，试件内部可见明显的穿晶裂纹，但仍保持较完整的形态，随着交替次数的逐渐增加，不同矿物边界裂纹的宽度显著增大。在此温度作用下，花岗岩内部萌生的裂纹数目较多、延伸长度较长、张开宽度较大，试件内部碎块较为明显，此时的试件破裂程度较为严重。产生这个现象的原因是石英晶粒在温度达到 573 ℃时会发生 α-β 转化[100]。

同样的，图 3-9(f)～(j)为 600 ℃自然冷却交替作用后花岗岩的显微薄片图，从图中可以看出，试件破裂以穿晶破坏为主，其由交替作用 5 次时含有微细小的裂纹逐渐向交替作用 25 次时产生较大的裂纹扩展。自然冷却交替后试件的裂纹数明显少于水冷却交替后试件的，这同时也验证了水冷却交替后试件的劣化程度要大于自然冷却交替后试件的劣化程度。

综上，经不同交替冷却处理后，花岗岩试件内部的矿物由于热膨胀的不同其破裂程度也不相同。随着交替次数的逐渐增加，裂纹的数目逐渐增多、宽度逐渐增大，同时裂纹的延伸长度也逐渐增大。

3.4　本章小结

本章以花岗岩为研究对象，采用岩石力学试验机并结合声发射监测系统，对不同温度交替作用后不同冷却方式下的岩石进行劈裂试验，分析了花岗岩的抗拉强度的变化规律及劈裂裂纹扩展的过程，得到以下结论：

(1) 随着温度交替次数的不断增加，两种冷却方式下花岗岩所对应的抗拉强度均逐渐降低，水冷却交替作用后花岗岩的抗拉强度要低于自然冷却交替作用后花岗岩的抗拉强度，且花岗岩在高温高交替次数下的劣化程度较为明显，当温度大于 500 ℃时，花岗岩试件的表观颜色逐渐变为土黄色，试件逐渐由脆性向延性转化。

(2) 花岗岩巴西劈裂后的破坏模式主要分为低温阶段的张拉劈裂破坏和高温阶段的剪切拉伸破坏。随着温度和交替次数的不断增加，劈裂破坏模式更加复杂，中低温阶段(100～400 ℃)均沿着试件直径方向进行劈裂，破坏面可以较好地吻合到一起，且试件表面无裂纹产生；高温阶段(500～700 ℃)，试件的劈裂方向发生了一定的改变，试件破裂线逐渐变得弯曲复杂，还产生了分叉裂纹，并且当温度达到 600 ℃和 700 ℃时，试件破坏时产生了颗粒碎渣，使得破裂面不能够完全重合。

(3) 不同温度下的冷热交替损伤降低了岩石颗粒间的黏结力，从而降低了试件的强度，使得抗拉强度总体随温度和交替次数的增加而降低。当交替温度达到 400 ℃时，试件的荷载-时间曲线呈渐进破坏，这主要是因为岩石的强度大大降低，试件由脆性向延性转化，且水冷却交替后试件的强度明显低于自然冷却交替后试件的强度。

(4) 花岗岩经历不同交替冷却处理后，试件内部的矿物由于热膨胀的不同其破裂程度也不相同。随着交替次数的逐渐增加，裂纹的数目逐渐增多，宽度逐渐增大，同时裂纹的延伸长度也逐渐增大。水冷却交替后的试件内部萌生了大量的穿晶裂纹与沿晶裂纹，并且穿晶裂纹贯通了长石、石英和黑云母矿物，随着温度的增加试件内部碎块较为明显，试件破裂程度较为严重，而自然冷却交替后的试件破裂以穿晶破坏为主，其由交替作用 5 次时含有微细小的裂纹逐渐向交替作用 25 次时产生较大的裂纹扩展。自然冷却交替后试件的裂纹数量明显少于水冷却交替后试件的，水冷却交替后试件的劣化程度大于自然冷却交替后试件的劣化程度。

第 4 章　冷热交替作用后花岗岩在不同状态下的物理力学特性试验研究

岩石的抗压强度与抗拉强度之比（压拉比）远大于 1，这是岩石类材料与金属类材料的重要区别之一。在工程实际中，岩石的抗拉强度与抗压强度往往是判定工程稳定性的重要依据。对于不同种的岩石其压拉比是不同的，甚至对于同种岩石，其压拉比也可能存在较大的差异。

关于花岗岩在不同温度作用、不同冷却方式下的物理力学特性，有大量的学者已进行过试验研究，前文也分别对不同温度和冷却方式、冷热交替作用后的花岗岩开展了力学试验并进行了深入分析，而目前关于实时温度作用下的花岗岩研究尚少，而高温下产生的热应力对于岩石存在必然的影响，因此，有必要进一步开展试验，探索温度作用对冷热交替后损伤花岗岩物理力学性质的影响。

基于此，本章通过自主研发的多功能伺服控制三轴试验机（可实现实时高温作用）开展了实时温度下花岗岩的物理力学特性试验，并对比分析了花岗岩在不同温度冷热交替作用后两种条件下（高温下和常温下）的物理力学性质，得出了花岗岩在单轴压缩试验下的力学特性，包括应力-应变曲线、弹性模量、峰值应变、单轴抗压强度的变化规律以及破坏模式等，并对比分析了两种条件对花岗岩抗压强度及弹性模量等的影响。

4.1　试验设备及过程

4.1.1　试验设备

本章试验所采用的设备为自主研制的多功能伺服控制三轴试验机，它可以对试件进行加温，实现在温度作用下的单轴压缩试验。该设备如图 4-1 所示，主体部分由轴向加载系统、高温加热系统、交替冷却系统、试验控制台以及数据采集仪组成。

轴向加载系统包括轴向压头、油缸以及伺服控制器。高温加热系统包括加

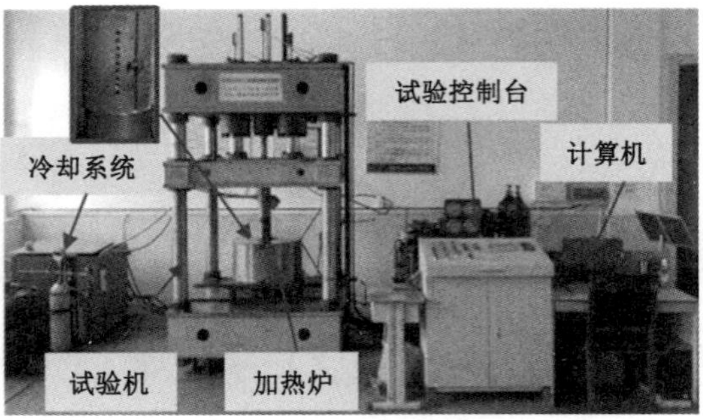

图 4-1 多功能伺服控制三轴试验机

热炉、热电偶、保温石棉及加热炉保护装置，加热炉保护装置可防止试件在破坏的瞬间把加热炉崩坏，起到保护加热炉的作用。本加热炉的最大加热温度可达 600 ℃。该试验设备所允许的最大轴向加载力可达 100 kN。

为了减小温度对压头的影响，在加热过程中采用冷却系统对其进行冷却，具体为通过水的不断交替来降低压头的温度。采用一个完整的铁皮箱并在其内部充满水，用来冷却试件在加热过程中对压头产生的热量，其中水是由抽水泵自动交替来进行降温，直至压头降温到常温时再关闭开关。试验过程中通过操控试验控制台来对试件施加对应的温度和轴向荷载。试验控制台主要由控制轴压、围压以及温度设定的按钮组成，并通过触摸屏设定相应的温度和加载速率来控制试验的操作，计算机会自动记录和保存试验数据。

为了保证温度的稳定，将热电偶插入加热炉预留孔内与试件接触，以实时监测试件的温度并反馈给控制系统，然后控制系统根据反馈温度对加热炉进行反馈调节，形成闭环控制系统来维持并保证温度的稳定性，其中升温速率为 4 ℃/min，同时采用保温石棉对加热炉与压头的空隙进行填充，以防止热量的散失。

现以 100 ℃为例对实时温度下单轴试验具体操作过程进行介绍：

(1) 首先将冷热交替作用后的 W100-5 试件放置在试验台的正中间位置，试件上方放置一个球形座用来调节试件的不平整度，然后再以 600 N 的预应力使试件与球形座接触好，再将加热保护装置安装好并插入热电偶进行加热。

(2) 采用 4 ℃/min 的加热速率加热到 100 ℃，并通过热电偶反馈控制使其保温 2 h，以确保试件内部能够均匀受热。

(3) 对保温完成后的试件采用试验机进行加载，控制方式为位移加载，加载速率为 0.1 mm/min，实时加载直至试件破坏，通过数据采集系统自动记录得到实时温度作用下的应力-应变曲线。

(4) 试件破坏后停止加热，待试件冷却至室温时将其取下拍照，记录破坏模式，然后进行下一个试件试验。其他试件均重复(1)～(4)的试验过程。

然而在上述试验过程中存在一些不足：一是实时加载受温度的影响未能结合声发射系统监测能量的变化等信息，这主要是由于声发射探头不耐高温，并且在加热保温阶段由于保温箱的原因探头无法紧密接触到试件，同时探头也是较容易损坏的部件，所以在进行实时加载时，只进行了单轴压缩试验，并未添加其他任何辅助手段监测试件的破坏过程；二是该设备还不能实现冷热交替过程中实时的单轴压缩试验，只能对不同温度冷热交替作用后的试件进行实时单轴压缩试验。

4.1.2　试验试件及方案

为了研究温度作用对冷热交替作用后试件的影响，分别开展了冷热交替作用后花岗岩在高温下和常温下的单轴压缩试验。试验前首先对试件进行冷热交替损伤处理，其中试件冷热交替损伤方式分为水冷却和自然冷却两种。本次试验由于选取的试件较多，同时为了尽量避免试验数据的各向异性，所以根据国际岩石力学学会建议的方法每个变量下选取 3～5 块试件进行研究。试件如图 4-2 所示，尺寸均为直径 50 mm、高度 100 mm。根据不同的温度梯度级别(100～600 ℃)划分为 6 个小组，根据冷热交替损伤次数(5～25 次)划分为 5 个小组，每个小组 3 块试件，再加 3 块常温试件，两组试验的试件共计 393 块。另外需要指出两种试验条件温度不同，由于试验时加热炉条件所限，高温作用下单轴压缩试验的最大温度为 600 ℃，而常温作用下的花岗岩加热设备马弗炉可达到 700 ℃，所以常温状态下的最大温度为 700 ℃。

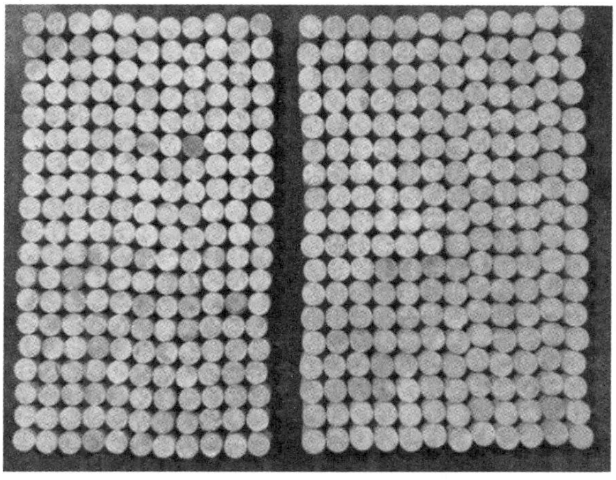

图 4-2　花岗岩试件图

具体以 100 ℃为例对其试验步骤进行介绍：

(1) 采用 NM-4B 非金属超声检测仪对原始试件进行纵波速度测试，选取波速较为相近的试件作为试验对象，避免由于试件原始组分相差甚远或试件内部原始缺陷引起的试验误差。

(2) 在每次加热前都要对试件进行波速测试，然后将分组的 30 块试件（自然冷却与水冷却各 15 块）按交替次数的顺序依次放入马弗炉中，以 4 ℃/min 的加热速率加热到 100 ℃，保温 8 h，确保试件内部能够均匀受热。

(3) 对受热均匀的试件进行两种冷却处理，取出其中的 15 块放入室温水中冷却至常温，而另外 15 块在马弗炉中自然冷却至室温。

(4) 当马弗炉自然冷却到室温后，将水中冷却后的 15 块试件再次放入马弗炉中，与马弗炉中自然冷却的 15 块试件一起以相同的加热速率再次加热到 100 ℃ 并保温 8 h，然后取出之前的水冷却试件再次进行水冷却；此过程为 1 次交替。

(5) 重复上述步骤，当经历冷热交替 5 次后取出试件并进行编号，将水冷却的试件编号为 W100-5-*X*（“W”表示水冷却，“100”表示温度为 100 ℃，“5”表示交替 5 次，“*X*”依次为 1、2、3），自然冷却的试件编号为 N100-5-*Y*（“N”表示自然冷却，“100”表示温度为 100 ℃，“5”表示交替 5 次，“*Y*”依次为 1、2、3）；对交替后的试件再次进行波速测试，得到相应温度冷热交替作用后的波速。

(6) 重复步骤(1)～(4)，完成温度为 100 ℃、交替次数为 10～25 次的冷热交替处理，并分别开展 200～600 ℃下试件的冷热交替损伤处理。

对上述冷热交替损伤处理后的试件分别开展高温状态下和常温状态下的单轴压缩试验，两者的相同之处在于处理后的试件和加载方式都是一样的，不同之处在于加载条件一种是在高温作用下，另一种是在常温作用下，通过对比两种方式下试件的力学特性的变化，得出花岗岩在单轴压缩试验下的力学特性，包括应力-应变曲线、弹性模量、峰值应变、单轴抗压强度的变化规律，以及破坏模式等的归纳总结。

4.1.3 不同温度冷热交替作用后花岗岩物理特性

根据上述的操作步骤对花岗岩开展不同温度下的冷热交替损伤试验，在每组试件中取出一个，得到如图 4-3 所示的试件，对试件的外观形态和纵波波速进行分析。

4.1.3.1 外观形态的变化

对于水冷却损伤试件来说，从整体上看，随着温度的升高，花岗岩外观的颜色由浅灰色逐渐变为土黄色，随着交替次数的不断增加，岩石的颜色逐渐由深

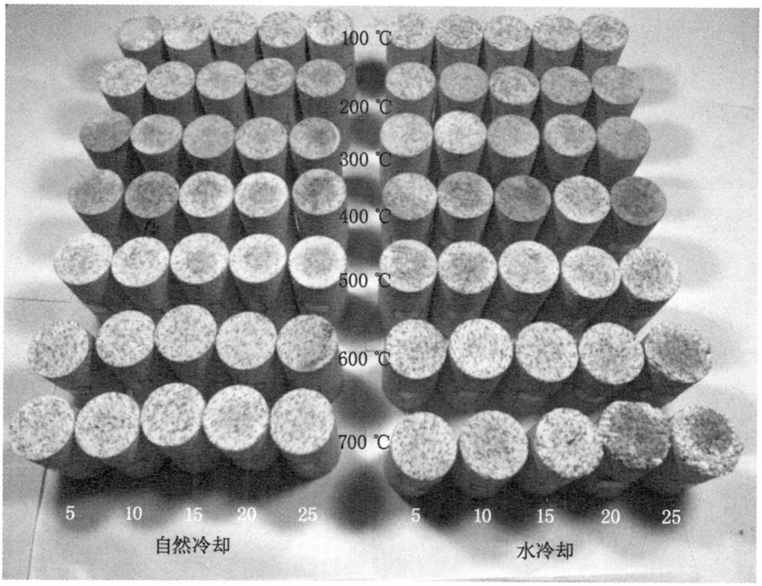

图 4-3　不同温度、两种冷却方式及不同交替次数下的花岗岩试件

变浅，产生这样的现象主要是由于试件在交替冷却的过程中与水发生化学反应，导致岩石表观颜色发生变化。从外观上看，试件在低中温阶段（100～400 ℃）下没有出现明显的宏观裂纹，颜色也较深，在高温阶段（500～700 ℃）下，试件在交替到 15～25 次时出现了可用肉眼观察到的不同程度的裂纹，且在水冷却的过程中产生了大量的热和小气泡。试件在低温低交替次数下均未出现明显的开裂，但经过高温多次交替后出现了明显的开裂，当温度达到 600 ℃及以上时在水冷却条件下的花岗岩表面还会有颗粒剥落的现象，尤其在高温 700 ℃的情况下，试件表面破坏更为严重。这是由于热膨胀使得较大的颗粒膨胀变形后挤压周围较小的颗粒，产生了不可恢复的较小颗粒结构，在降温后大颗粒的体积收缩，进而导致孔裂隙的产生[13]。

对于自然冷却下的试件，整体上看，表观颜色也在 500 ℃发生明显的改变，这主要是因为试件在高温作用下发生氧化反应，矿物成分发生变化所致。用肉眼观察自然冷却下的试件外观，发现在低温低交替次数下无明显的裂纹，在高温高交替次数下会有明显的微裂纹，而且试件之间轻敲会发出清脆的声音。

4.1.3.2　纵波波速的变化

不同温度和冷热交替作用后试件的平均波速如图 4-4 所示，可以看出其变化特征为：① 随着温度的逐渐升高，波速逐渐减小。② 同一温度作用下，随着交替次数的增加,试件波速同样呈下降趋势,但是下降趋势较为缓慢。③ 两种冷却方式下的波速随着温度和交替次数的增加均呈下降趋势,但水冷却试件的波速普遍低于自然冷却试件的波速。④ 尤其值得注意的是,当温度为 500 ℃时,两种冷却方式下的波速随温度下降的幅度突然增大,可以反映出温度达到 500 ℃左右时,试件内部的损伤较为明显,如:W400-5 试件的波速为 764.21 m/s,W500-5 试件的波速为 374.03 m/s,下降幅度为 51.1%;N400-5 试件的波速为 1 012.75 m/s,N500-5 试件的波速为 583.79 m/s,下降幅度为 42.4%。水冷却试件的下降幅度明显要大于自然冷却试件的下降幅度。⑤ 同一温度且同一交替次数下的花岗岩在不同冷却方式下的纵波波速也存在一定的差异,水冷却试件的波速整体上低于自然冷却试件的波速,说明水冷却试件损伤程度相对严重。

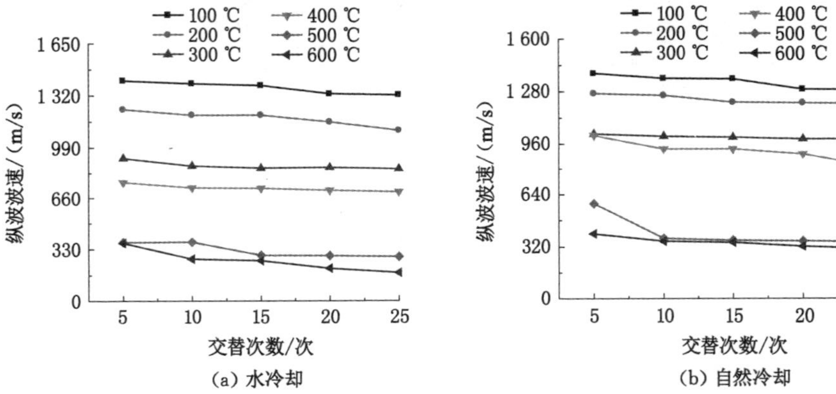

图 4-4 不同温度和冷热交替作用后花岗岩的平均波速图

4.2 冷热交替作用后常温下花岗岩力学特性的变化规律

4.2.1 应力-应变曲线的变化特征

冷热交替后花岗岩在常温下的应力-应变曲线如图 4-5 所示,需要指出的是,在温度为 700 ℃的条件下,部分经历水冷却交替的试件已经严重破碎,无法进行单轴压缩试验,所以其相对应的数据存在缺失。由图可以看出,大部分的应力-应变曲线与岩石常规应力-应变曲线的变化规律相似,可分为压密阶段、弹性阶段、塑性变形阶段和峰后阶段，呈现明显的脆性破坏特征。本次试验结果表明，温度在 200 ℃以内时，花岗岩轴向应力-应变曲线变化规律经历的阶段基本类似，花岗岩的强度和变形的变化均较小；当温度超过 400 ℃

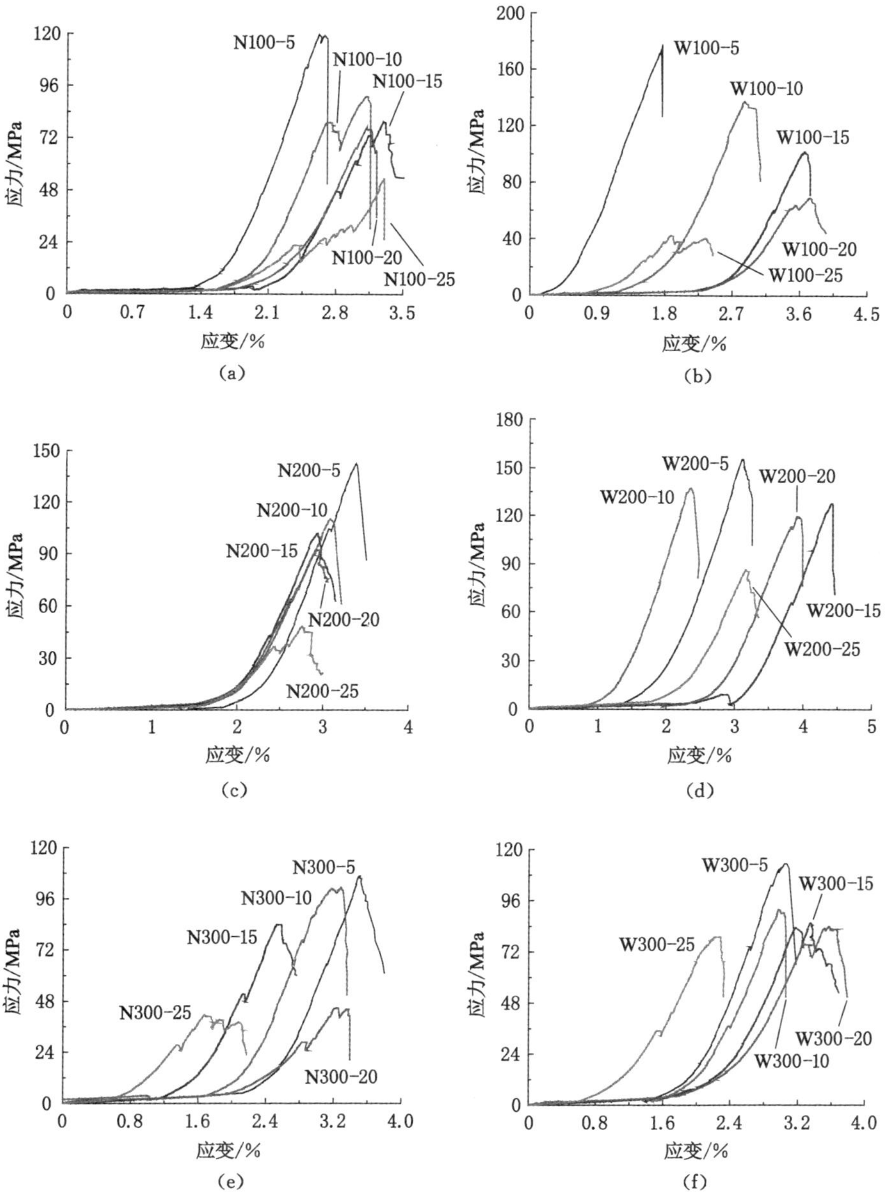

图 4-5　冷热交替作用后花岗岩在常温下的应力-应变曲线

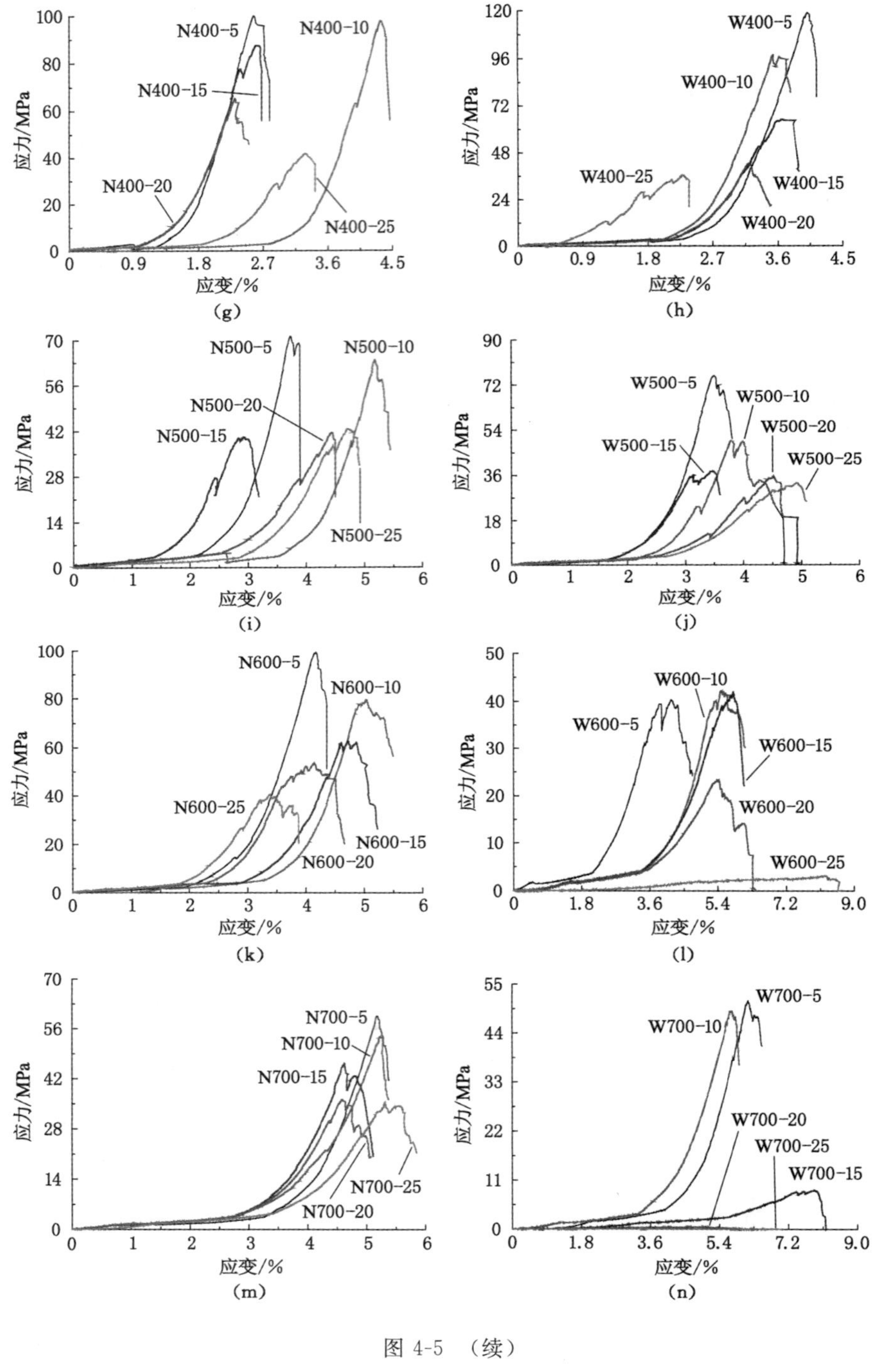
N400-5
N400-10
N400-15
N400-20
N400-25
应力/MPa
应变/%
(g)
W400-5
W400-10
W400-15
W400-20
W400-25
应力/MPa
应变/%
(h)
N500-5
N500-10
N500-15
N500-20
N500-25
应力/MPa
应变/%
(i)
W500-5
W500-10
W500-15
W500-20
W500-25
应力/MPa
应变/%
(j)
N600-5
N600-10
N600-15
N600-20
N600-25
应力/MPa
应变/%
(k)
W600-5
W600-10
W600-15
W600-20
W600-25
应力/MPa
应变/%
(l)
N700-5
N700-10
N700-15
N700-20
N700-25
应力/MPa
应变/%
(m)
W700-5
W700-10
W700-15
W700-20
W700-25
应力/MPa
应变/%
(n)

图 4-5 （续）

时，花岗岩的应力-应变全过程曲线形态开始发生较大变化，主要体现在压密阶段迅速变长，这可能是由于试件内部裂纹变化所引起的。同时可以发现，部分经历20/25次交替损伤的试件应力-应变曲线峰后阶段出现了双峰渐进破坏现象（如W100-25、N200-25、N300-25、W400-25、N600-25和N700-25等），同时伴随塑性阶段占比明显增加，说明经历多次交替损伤后花岗岩出现了由脆性向塑性转化的现象。另外可以看出，高温作用下少数经历水冷却交替作用后试件（如W600-25、W700-15和W700-25）的应力-应变曲线与其他试件存在明显的不同，由于强度非常低，其压密阶段与弹性阶段的转折点并不明显，且得到了全应力-应变曲线。

从图中还可以看出以下特点：① 试件曲线的压密阶段均较长，原因在于试件在加载时采用的是位移控制模式，由于试件内部存在一些微裂隙，所以在加载初期这些微裂隙逐渐被压实，导致压密阶段较长。② 峰值应变同样也随着交替次数的增加呈增加趋势，但是也出现不同的情况，例如有些多交替次数下的曲线出现峰值应变较小的情况，如N100-20、N500-25、W100-25、W200-20、W200-25等曲线，这可能是由于试件在高交替次数下强度明显降低所致。③ 当试件温度达到600 ℃和700 ℃且交替次数为20次和25次时，试件的应力-应变曲线较为延缓，这是因为此时的试件强度明显降低。④ 试件的峰后曲线较为复杂，大部分试件在破坏后强度快速下降，不具有一定的承载能力。

通过对比两种冷却方式下的应力-应变曲线可以看出，水冷却下试件的应力-应变曲线的峰值应变明显大于自然冷却下试件的，且随着温度的增加两种冷却方式下的峰值应变均在增加，这一特征在高温阶段表现得特别明显，这主要是由于试件在冷却的过程中产生的损伤不同造成的差异。在加热的过程中，由于矿物的膨胀作用会产生热破裂现象，且温度越高产生的热破裂越严重，水冷却下的试件由于在冷却过程中产生的热冲击较大，水分逐渐渗入试件内部，进一步加剧了内部裂纹的扩展，且产生的水蒸气向外扩散时进一步加重了裂隙的连通性，进而导致内部孔裂隙的增加。而与之相比，自然冷却下的试件则只受到加热时温度变化产生的热破裂影响，冷却时放置在炉膛内，冷却速率相对较慢，对试件内部产生的热冲击较小，所以造成的损伤也较小。

另外，相同条件下不同冷热交替次数对应力-应变影响较大，总体为随着冷却交替次数的增加，应力-应变曲线压密阶段的斜率逐渐增加且弹性阶段的斜率逐渐减小，这说明随着交替次数的增加，试件内部产生的微裂纹逐渐增加，导致在加载过程中微裂纹闭合所需要的位移加大。且随着加热温度的增加水冷却对试件的影响要明显大于自然冷却对试件的影响，水冷却下试件的压密阶段初始应变和弹性阶段的斜率都明显小于自然冷却下试件的，水冷却过程中通过高温、冷却冲击和加热过程双重作用最终加剧了岩石的损伤。

4.2.2 单轴抗压强度的变化特征

根据上节的应力-应变曲线可以得到冷热交替后常温状态下试件的抗压强度变化，如图 4-6 所示为两种冷却方式冷热交替作用下单轴抗压强度变化曲线。从图中整体来看，在同一温度作用下，随着冷热交替次数的增加抗压强度逐渐降低，且水冷却方式下的下降幅度大于自然冷却方式下的下降幅度，例如在温度为 300 ℃的条件下，当冷热交替次数从 5 次增加到 25 次时，自然冷却下试件的抗压强度由 106.82 MPa 下降到 41.45 MPa，下降幅度为 61.20%，而水冷却下试件的抗压强度由 113.28 MPa 下降到 79.12 MPa，下降幅度为 30.16%。当温度大于200 ℃ 时，同一交替作用下，随着温度的升高抗压强度整体呈逐渐下降趋势，且水冷却试件的抗压强度下降幅度大于自然冷却试件的下降幅度，例如在交替次数为 10 次的条件下，当加热温度从 300 ℃升高到 700 ℃时，自然冷却下试件的抗压强度由 100.79 MPa 下降到 26.25 MPa，下降幅度为73.96%，而水冷却下试件的抗压强度由 91.86 MPa 下降到 18.94 MPa，下降幅度为 79.38%。

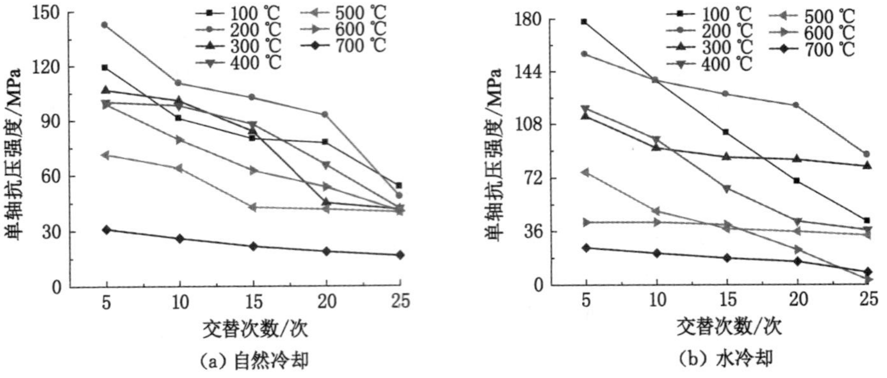

图 4-6 不同温度交替作用下单轴抗压强度变化规律

另外，从图中还可以发现有趣的现象：抗压强度并不是随着温度和交替次数的增加逐渐下降，当温度为 200 ℃时两种冷却方式下的抗压强度基本都超过了 100 ℃时的抗压强度。在常温作用下产生这种现象可能是由于低温作用下温度对矿物的硬化作用而产生了热破裂损伤，从而使试件强度相对升高，例如自然冷却下 N200-5 试件的抗压强度比 N100-5 试件的要大，同样的，水冷却作用下也存在同样的现象，这可能是由于 200 ℃下的花岗岩在冷却后产生了硬化作用。

4.2.3　弹性模量的变化特征

如图 4-7 为不同温度不同冷却方式下平均弹性模量变化曲线图。从图中整体来看，在同一温度作用下，随着冷热交替次数的增加弹性模量也在逐渐降低，且水冷却方式下的下降幅度大于自然冷却方式下的，例如在温度为 300 ℃的条件下，当冷热交替次数从 5 次升高到 25 次时，自然冷却下试件的弹性模量由 218.18 GPa 下降到 86.21 GPa，下降幅度为 60.49%，而水冷却下试件的弹性模量由 223.46 GPa 下降到 114.94 GPa，下降幅度为 48.56%。当温度大于 200 ℃ 时，同一交替作用下，随着温度的升高弹性模量整体呈逐渐下降趋势，且水冷却试件的弹性模量下降幅度大于自然冷却试件的，例如在交替次数为 10 次的条件下，当温度从 300 ℃升高到 700 ℃时，自然冷却下试件的弹性模量由 200.00 GPa 下降到 74.07 GPa，下降幅度为 62.97%，而水冷却下试件的弹性模量由 192.31 GPa 下降到 55.79 GPa，下降幅度为 70.99%。

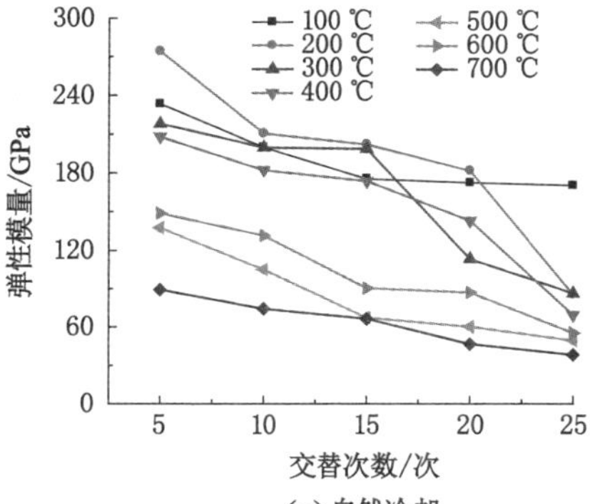

(a) 自然冷却

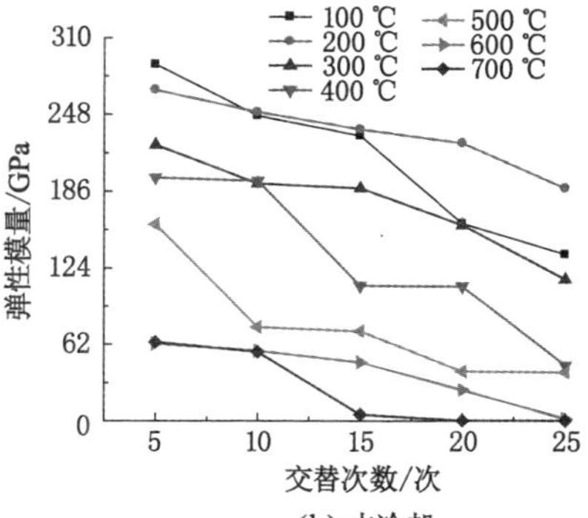

(b) 水冷却

图 4-7　弹性模量随交替次数的变化规律

4.2.4　冷热交替作用后花岗岩能量释放特征分析

为了记录岩石破坏过程中能量的释放过程，借助声发射监测系统来采集记录花岗岩变形破坏过程中的能量演化过程，主要记录的是能量和累计振铃计数等声发射参数，将破坏过程中的最大声发射撞击数和最大能量率进行统计分析得到图 4-8。通过观察可以发现,两种冷却方式作用下花岗岩破坏时的最大能量均随着温度的升高呈下降趋势,且在同一温度作用下随着交替次数的增加呈下降趋势。例如在交替次数为 10 次的条件下,当温度从 100 ℃升高到 700 ℃时,自然冷却下试件的能量释放由 11 000 mV·ms 下降到 8 001 mV·ms,下降幅度为 27.26%,而水冷却下试件的能量释放由 11 070 mV·ms 下降到 5 004 mV·ms,下降幅度为 54.80%;在温度为 300 ℃的条件下,冷热交替次数从 5 次升高到 25 次时,自然冷却下试件的能量释放由 11 000 mV·ms 下降到 9 302 mV·ms,下降幅度为 15.44%,而水冷却下试件的能量释放由 10 200 mV·ms 下降到 8 922 mV·ms,下降幅度为 12.53%。

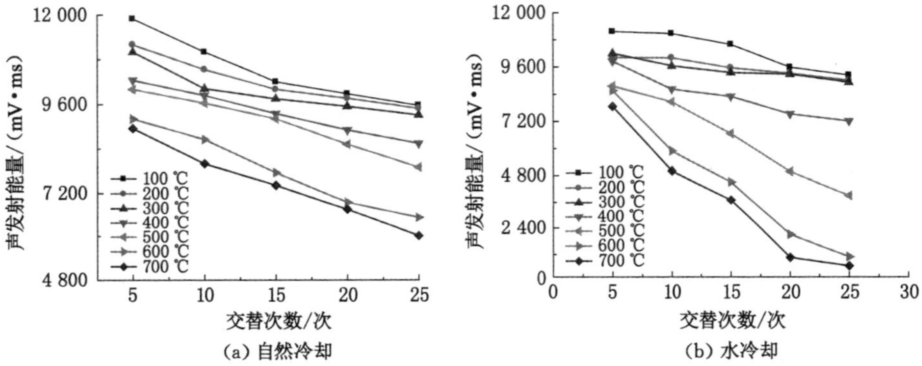

图 4-8 花岗岩能量演化图

另外,值得注意的是,在相同温度和循环次数下水冷却条件下试件的能量释放与自然冷却条件下的相比要低,且在较高的温度作用下,随着交替次数的增加能量释放的下降程度明显增大。例如当温度为 700 ℃时,随着交替次数从 5 次增加到 25 次,自然冷却下试件的能量释放由 8 950 mV·ms 下降到 6 000 mV·ms,而水冷却下试件的能量释放由 7 863 mV·ms 下降到 689 mV·ms,降低速率明显加快,这主要是因为在较高的温度下,随着交替次数的增加,试件破损情况越来越明显,这也与现场试验过程中所听到的破坏声音相吻合:大部分试件破坏时伴随着碎片四溅发出清脆的"砰"声,但是在较高的温度作用下这种声音越来越小,碎片四溅的程度也越来越弱,尤其在高温且在较高的交替次数下伴随着试件的破坏基本不会发出声响。

图 4-8(a)为自然冷却交替作用下能量的演化图,从图中可以将能量演化分为两个阶段:① 100～400 ℃为缓慢下降阶段,在此阶段的试件能量均较大,最大为

11 900 mV・ms,最小为 8 539 mV・ms,下降幅度为 28.24%;② 500～700 ℃为快速下降阶段,在此阶段下的试件能量变化较大,最大为 10 000 mV・ms,最小为 6 000 mV・ms,下降幅度达到了 40.00%。

图 4-8(b)为水冷却交替作用下能量的演化图,从图可以看出,随交替次数的增加,能量曲线呈非线性降低趋势,同时可以看出,自然冷却后试件的强度较水冷却后试件的强度大。

4.2.5　破坏模式分析

试件的破坏模式是试件在破坏后的表现形式,对于研究试件的破裂机理具有重要的意义。图 4-9 为一组冷热交替作用后花岗岩在单轴压缩下的破坏模式图。从图中可以看出,单轴压缩后试件的破坏模式以剪切破坏为主,轴向劈裂破坏次之。当温度较低时,试件主要沿轴向劈裂,并伴有多条裂纹共存。对应于应力-应变曲线出现了多次的应力跌落现象,此时的试件以脆性破坏为主。当温度大于 400 ℃时,由于高温的影响试件内部已经产生了宏观裂纹,所以试件在单轴压缩过程中会沿着宏观裂纹起裂、贯通到破坏,而试件的破坏模式主要受热损伤后岩石内部的裂纹控制。当处于高温高交替次数下时,试件呈粉碎性破坏,试件在破坏时裂纹呈缓慢连通状态,所以应力-应变曲线表现为明显的延性状态。

由图中可以看出大部分试件呈现纵向剪切破坏、张拉破坏和混合破坏这三种破坏模式,其中以剪切破坏为主。从两种冷却方式破坏后的试件可以观察出,水冷却交替作用下的试件表现出大块碎片及颗粒碎屑较多,破坏方式也较为单一,大部分为剪切破坏模式,而自然冷却交替作用下的试件大多为混合破坏模式,破裂面较为光滑,试件的破坏状态大多为大块碎片。

随着温度及交替次数的增加试件的完整性越来越差,试件的损伤也越来越严重,且试件表面逐渐变得粗糙,单轴压缩后的破坏模式变得越来越复杂,特别是水冷却试件的破碎程度越来越大,从温度为 700 ℃时交替 10 次、15 次、20 次和 25 次的水冷却试件的破坏图可以看出,试件已经变为颗粒状的碎渣,其破坏模式已经无法分辨,而相对应的自然冷却试件的破碎程度要比水冷却试件的小,大多数为大块的碎片而颗粒碎屑较少。另外,随着温度的增加试件破裂面的粗糙度越来越大,特别是在 600 ℃水冷却作用后试件在破坏过程中伴随颗粒的滑落出现了明显的摩擦带,而高温作用下自然冷却试件破裂面相对较光滑,没有出现颗粒摩擦带。

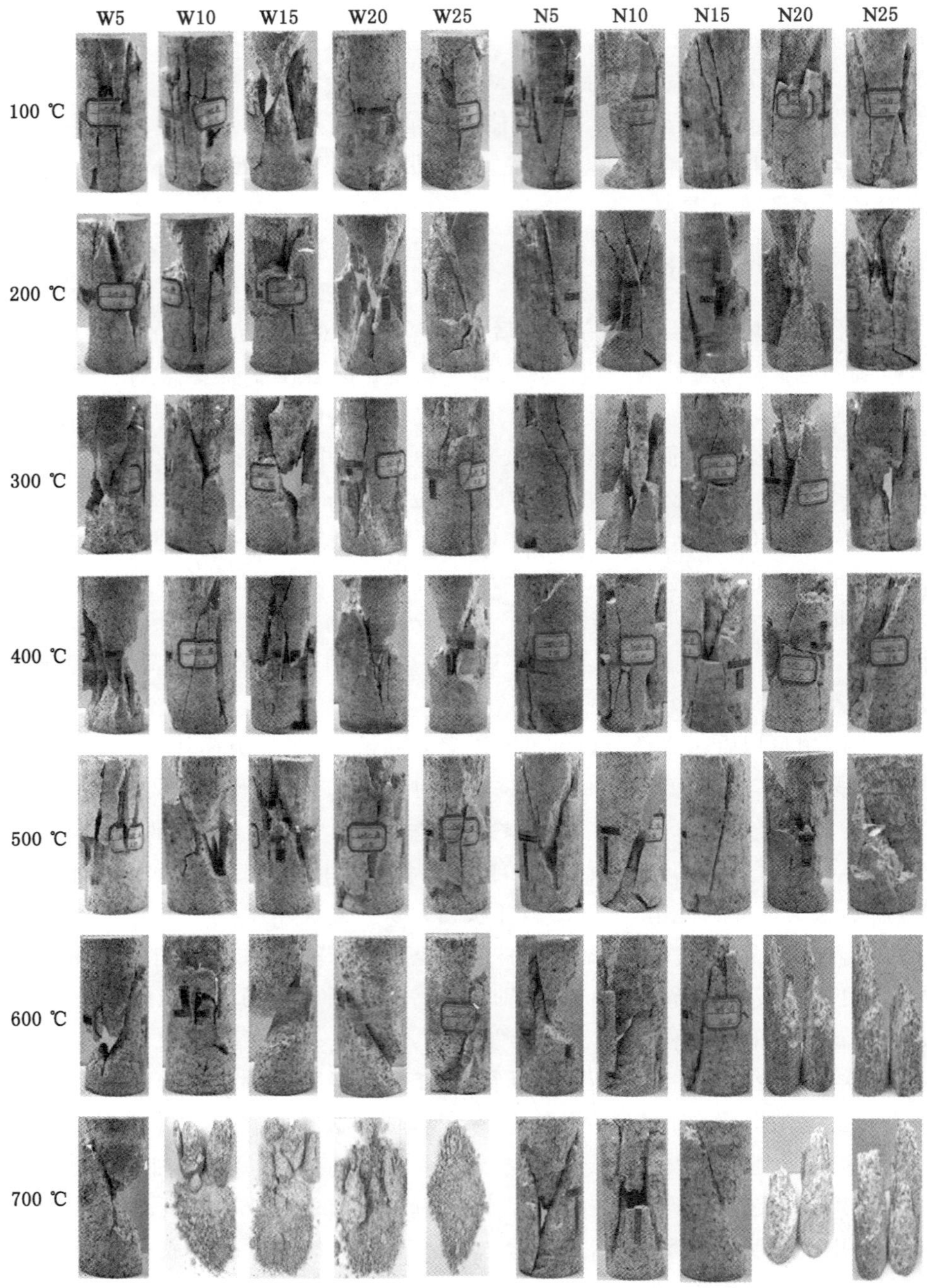

图 4-9　不同温度冷热交替作用后花岗岩破坏图

4.3　冷热交替作用后高温下花岗岩力学特性的变化规律

4.3.1　应力-应变曲线特征

图 4-10 为自然状态下花岗岩试件的典型应力-应变曲线。经计算 3 块试件的平均抗压强度为 99.86 MPa,平均弹性模量为 105.71 GPa。图 4-11 为一组花岗岩试件经冷热交替后实时温度作用下的应力-应变曲线,其变化趋势与自然状态下岩石应力-应变曲线的趋势类似,即大体都经历了压密阶段、弹性阶段、屈服阶段以及破坏阶段,但其屈服阶段不太明显,破坏阶段表现为脆性破坏。

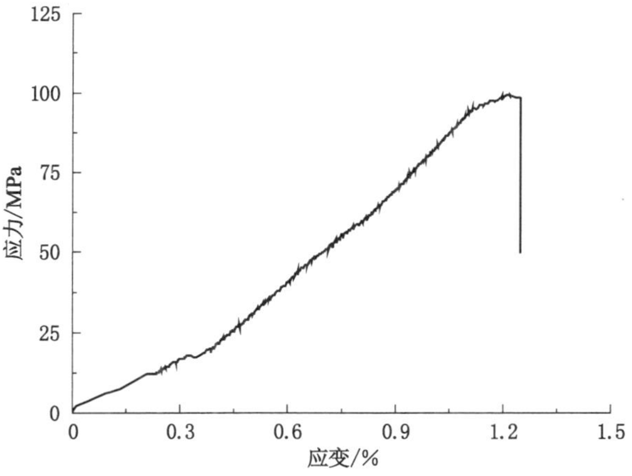

图 4-10　自然状态下花岗岩典型应力-应变曲线

由图 4-11 看出,温度、交替次数及冷却方式对应力-应变曲线的影响规律主要表现为:① 随着温度的升高,花岗岩单轴抗压强度均呈下降趋势,而同一温度下,水冷却试件的单轴抗压强度小于自然冷却的试件;② 随交替次数的增加,花岗岩单轴抗压强度呈逐渐降低趋势,而峰值应变呈逐渐增加的趋势,其曲线斜率随交替次数的增加也逐渐变缓;③ 同一温度下,水冷却下试件的斜率比自然冷却下试件的斜率要缓,峰值应变也较自然冷却下试件的大;④ 同一温度下,水冷却的试件随交替次数的增加其单轴抗压强度下降趋势较自然冷却下试件的下降趋势要快,如 600 ℃温度下,冷热交替次数从 5 次增加到 25 次时,水冷却试件的单轴抗压强度下降了 72.16%,而自然冷却试件则下降了 47.34%;⑤ 花

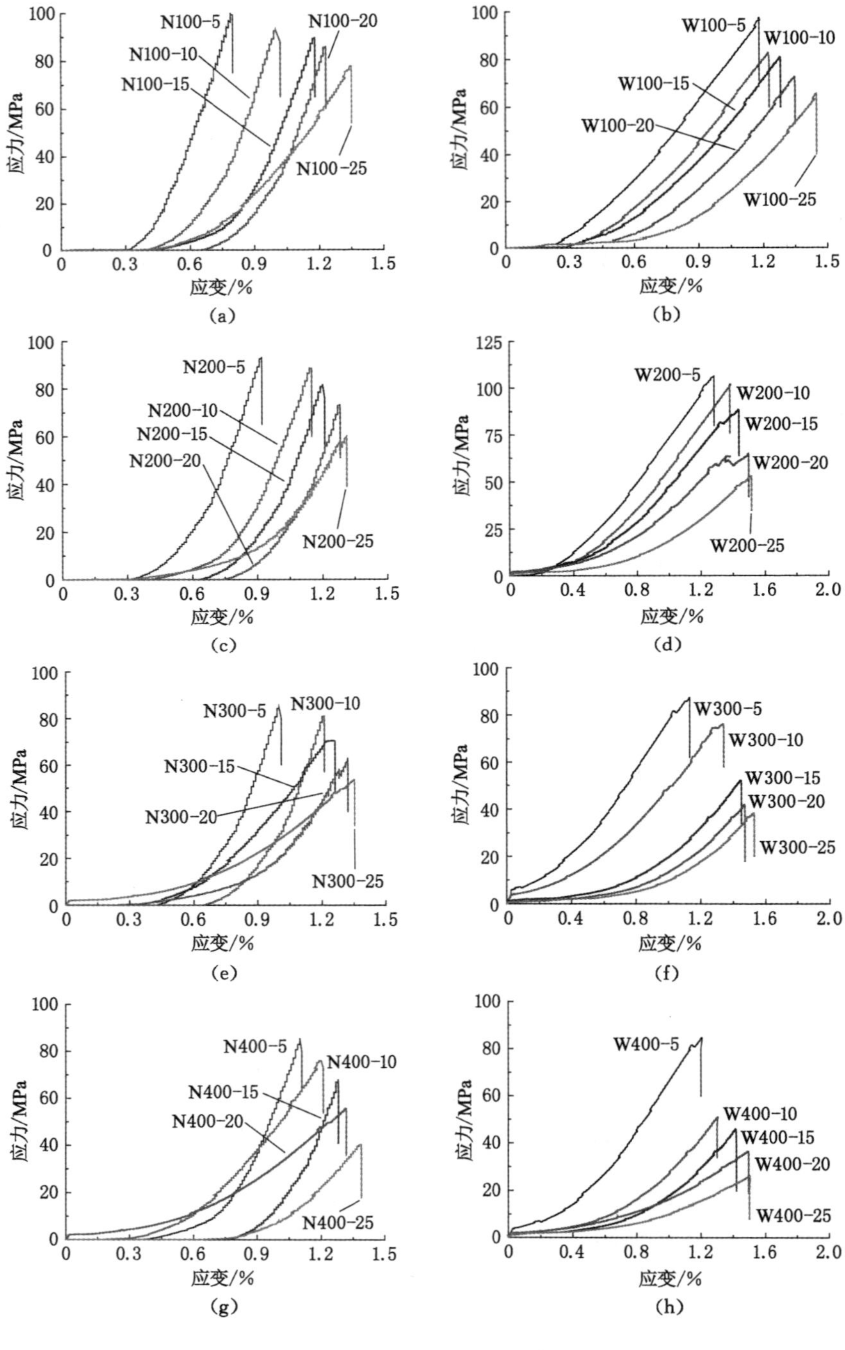

图 4-11　高温状态下花岗岩的应力-应变曲线

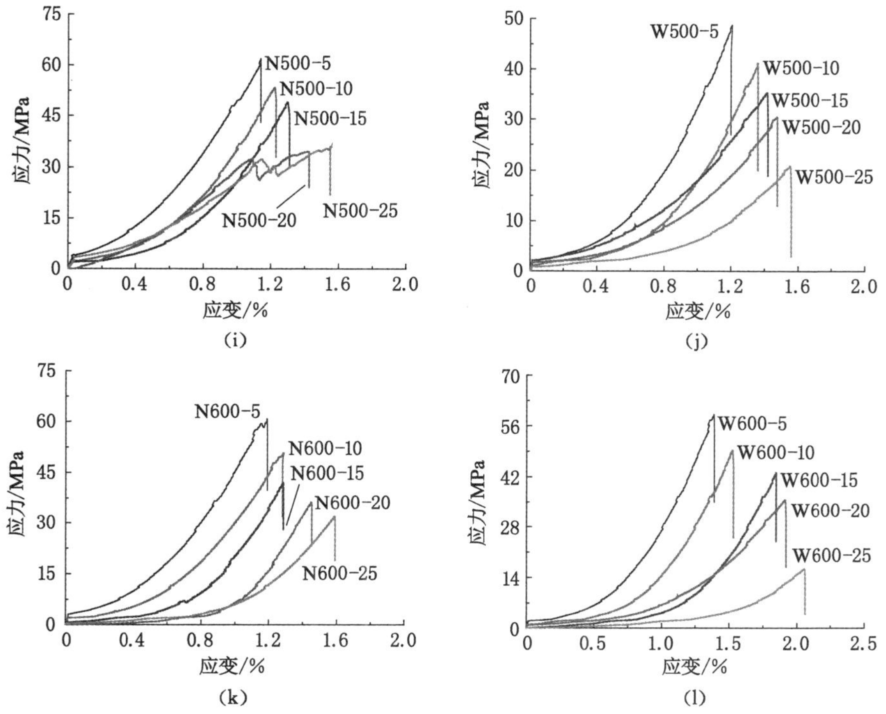

图 4-11 （续）

岗岩在两种冷却方式下的峰值应变随交替次数的增加而增加，其中水冷却下试件的峰值应变大于自然冷却下试件的峰值应变。

4.3.2 单轴抗压强度的变化规律

从图 4-12 中高温作用下冷热交替损伤花岗岩的平均单轴抗压强度曲线图可以看出：① 同一温度作用下的试件随着交替次数的逐渐增加其单轴抗压强度呈下降趋势，交替次数越高强度越低，表明交替作用对单轴抗压强度具有很大影响。② 两种冷却方式下的单轴抗压强度均随温度的增加呈下降趋势，但是水冷却方式下的下降幅度比自然冷却方式下的下降幅度大，如循环次数为 5 次时，温度从 100 ℃增加到 600 ℃，水冷却试件单轴抗压强度下降了 49.90%，而自然冷却试件则下降了 38.54%。产生这种差异的原因为两种冷却方式下的试件本身含有一定的水分，然而在加热的过程中水分逐渐蒸发即发生脱水现象，使得颗粒与颗粒之间产生裂隙，进而导致岩石内部产生微裂纹，最终影响试件的强度。而水冷却下试件在反复加热-水冷却的过程中其内部的水分相对自然冷却下试件的水分多，在不断浸水-蒸发的过程中，试件内部的裂隙不断得到扩充，所以在加载时岩石会通过微裂纹扩展破坏。而自然冷却的试件是在前一次自然冷却的基础上进行加热-冷却，所以试件的强度随交替次数的增加下降幅度并没有水冷却下试件的下降幅度大；同时也说明了冷热交替作用对岩石的单轴抗压强度有一定的影响[94]。在压缩过程中，试件内部的裂隙首先闭合，然后逐渐压密，从而导致应力-应变曲线的压密阶段随着温度的升高而增加。而自然冷却试件相对于水冷却试件冷却速度相对缓慢，在冷却过程中收缩变形也相对均匀，新裂隙产生的数量也相对较少。而不均匀的变形使试件产生新的裂隙或使原有的裂隙进一步延伸，温度越高，产生的裂隙数量越多。与此同时，冷热交替作用加剧了试件不可恢复的损伤积累，使得试件的孔裂隙逐渐扩张，破坏程度更加明显。

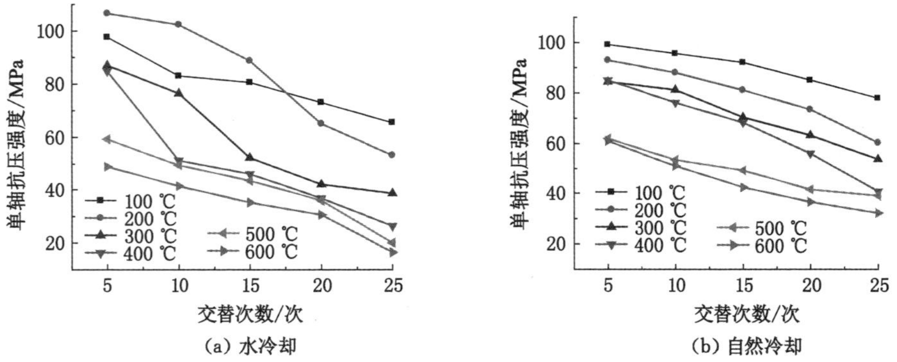

图 4-12　高温作用下花岗岩单轴抗压强度曲线

图 4-12 为经两种冷热交替作用后高温作用下花岗岩单轴抗压强度曲线，可以看出：无论是自然冷却还是水冷却，相同交替次数作用后，单轴抗压强度随温度的升高整体上呈下降趋势，同一温度下，随着交替次数的增加，单轴抗压强度也呈下降趋势。但 200 ℃水冷却作用后，其单轴抗压强度随温度的变化比较特殊[图 4-12(a)]：交替次数小于 20 次且当试件处于相同交替次数下时，200 ℃对应的单轴抗压强度大于 100 ℃对应的单轴抗压强度，且交替次数为 5 次、10 次时，200 ℃对应的单轴抗压强度大于自然状态下的单轴抗压强度(99.86 MPa)，而 100 ℃对应的单轴抗压强度小于自然状态下的单轴抗压强度。这与以往的研究结果有一定的区别[59,68]，究其原因，作者认为有以下几点。

（1）试验条件的影响

文献[59]是在实时高温状态未经温度交替条件下得出随温度升高其单轴抗压强度降低，这与本书经自然冷却交替作用后高温状态下单轴抗压强度的变化规律一致。而文献[68]研究了不同温度的花岗岩未进行冷热交替作用，经水冷却后在常温状态下的强度，得出的规律也是随温度的升高其强度降低。而本书的试验条件是花岗岩经受了不同温度的冷热交替作用，其降温方式为自然冷却和水冷却，且试验是在高温作用下进行的。试验条件不同，其结果有一定的差别。

(2) 温度的影响

对于自然冷却，随着温度的升高，花岗岩内部的水分及易挥发的成分蒸发，微量的黏土类矿物失水，一方面失水干缩，其颗粒强度有提高的趋势，另一方面干缩使得颗粒间产生微裂隙，有效承载面积降低，其强度有降低的趋势。一般后者的作用大于前者，导致其整体强度降低。随着温度的进一步升高，各组分的不均匀热膨胀导致热破裂，温度越高，热破裂越严重，强度越低。这与文献[23,59]的结论相一致。另外，文献[23,118]通过试验得出热破裂的门槛值为300 ℃左右，而本书得出的门槛值为400 ℃左右[图 4-12(b)]，即400 ℃之后，冷热交替次数在20次以内，其强度下降的幅度较大，说明其产生的热破裂剧增。

对于水冷却，当温度为200 ℃、交替次数为5次和10次时，其抗压强度不仅大于100 ℃时的抗压强度，而且大于自然状态下的强度，其原因为：加热过程中，试件失水，部分黏土类矿物干缩，其颗粒硬化，强度提高，同时干缩使得颗粒间产生微裂隙，其强度有所降低。水冷却后，不均匀的冷缩变形会加剧试件的微破裂，更多的黏土类矿物暴露在微裂隙表面，同时吸收水分。当温度再次升高到200 ℃时，另一部分黏土类矿物也产生干缩硬化，强度提高，与此同时又会产生一些新的微裂隙，降低其强度，当强度提高的程度大于降低的程度时，试件整体表现为强度的提高，随着交替次数的增加，强度提高的趋势逐步降低，当交替次数大于10次后，其强度小于自然冷却后试件的强度。当温度为100 ℃时，尽管也会出现干缩硬化与微裂隙的产生，但由于其温度低，水冷却后产生的微裂纹较少，同时暴露的黏土类矿物也相对较少，最终整体表现为强度的降低。当温度大于或等于300 ℃时，热破裂及水冷却引发的破裂程度大幅度提高，导致其强度低于自然状态时的强度。但自然冷却状态下，温度为200 ℃时，并未表现出其强度高于自然状态下的强度，其原因是自然冷却过程中，由于其降温缓慢，产生的微破裂很小，暴露的黏土类矿物也少，最终表现为强度提高的程度小于降低的程度，即整体强度低于自然状态下的强度。可见在本试验条件下，只有温度在200 ℃左右，遇水急剧冷却交替次数小于或等于10次时，高温作用下的单轴抗压强度才有可能高于自然状态下的强度，其他条件下，强度都是随温度的升高而降低。

4.3.3 弹性模量的变化规律

图 4-13 为高温交替作用下弹性模量曲线，可以看出：① 随着温度的升高，弹性模量整体呈下降趋势，这与朱栋等[53]的研究结果是一致的，其原因与强度降低的原因相同，即随着温度的升高，微破裂增强，在同一级别应力作用下，应变增加，导致其弹性模量降低。② 随着交替次数的增加，弹性模量也呈下降趋势，不同之处是水冷却处理后试件弹性模量的下降幅度比自然冷却处理试件的大，如 600 ℃下交替 25 次时，水冷却试件与自然冷却试件的弹性模量相对于常温(20 ℃)下试件的弹性模量分别降低了 91.79%和 85.24%，说明水冷却试件的弹性模量变化程度大于自然冷却试件的。另外可以看出，无论是自然冷却试件还是水冷却试件，随交替次数的增加，弹性模量下降幅度整体上逐步降低，其原因为组成试件各组分的不均匀程度是固定的，在同一温度级别交替下，当试件开始交替时，首先是不均匀变形差异较大的紧邻的颗粒间产生损伤破裂，随交替次数的增加，损伤破裂的程度整体增加，但不均匀变形差异较大的紧邻的颗粒逐步减少，而已破裂的颗粒产生再破裂的可能性较低，除非提高其温度级别，否则不均匀的变形差异不会再引发破裂，这就造成了同一温度级别下，随交替次数的增加，弹性模量下降幅度逐步降低。

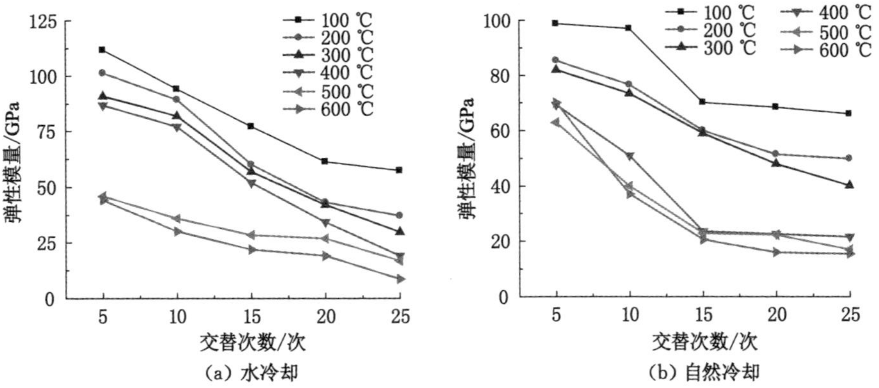

图 4-13 高温交替作用下弹性模量曲线

图 4-14 为不同状态下试件峰值应变随温度和交替次数的变化图。从图可以看出，两种冷却方式下试件的峰值应变均随着温度和交替次数的增加而增加，但是水冷却下试件的峰值应变比自然冷却下试件的峰值应变大，如冷热交替 25 次，温度从 100 ℃增加到 600 ℃时，水冷却下试件的峰值应变由1.44×

10^{-2}增加到 2.05×10^{-2}，增加了 0.61×10^{-2}，增幅达到了 42.36%；自然冷却下试件的峰值应变由 1.35×10^{-2}增加到 1.59×10^{-2}，增加了 0.24×10^{-2}，增幅达到了 17.78%。这也说明了水冷却对试件产生的损伤更为严重，试件除了强度、弹性模量降低外，破坏时产生的轴向变形也增加。这主要是因为水冷却试件内部的孔裂隙较多，在压缩的过程中首先将孔裂隙压实后形成破坏，而自然冷却试件内部较为密实，裂纹也较少，所以需要压缩的时间也相对较短，导致峰值应变较小。

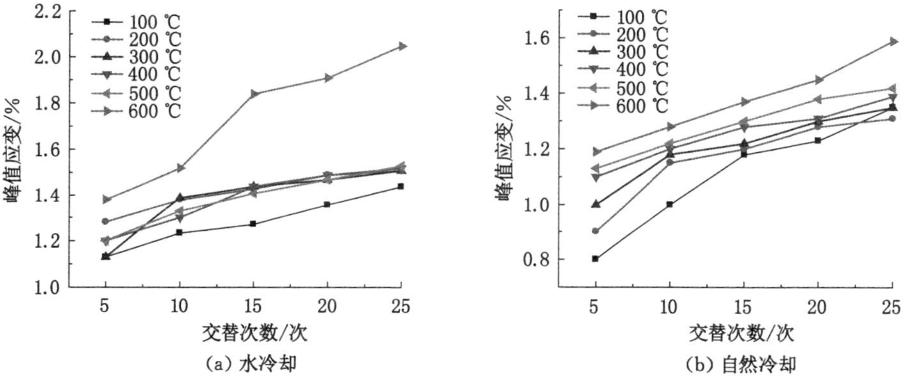

图 4-14　实时温度和交替作用下的峰值应变曲线

4.3.4　破坏模式分析

岩体的破坏是以形成贯通性破坏面为基准，并以分裂成相互脱离的块体为最终破坏模式。

图 4-15 对应典型花岗岩在不同温度和冷热交替作用后高温作用下的破坏图。常规岩石单轴压缩破坏形式主要表现为劈裂破坏、剪切破坏，而本试验结果的破坏模式并没有明显的规律可循，这主要是因为花岗岩内部矿物成分含量不均匀，并且试件在高温作用下内部产生的裂隙密度及数量也各有差异，而裂隙的延伸方向以及连通程度的不同是导致试件在压缩变形时产生差异的重要原因，所以破坏形式复杂多样，无规律可循[119]。

从图 4-15 中可以总结出：① 在常温条件下，花岗岩发生了脆性破坏，最终的破坏模式以劈裂-剪切混合破坏模式为主，并产生了大量的碎块。试件在破坏时会发出剧烈的声响[120]。当处于高温阶段时，试件以剪切破坏为主，当温度大于 500 ℃且交替次数高于 15 次时，试件在破坏的瞬间，试验机上的压头产生的冲击逐渐减缓，同时破坏时产生的声音也逐渐减弱，高温高交替次数下试件

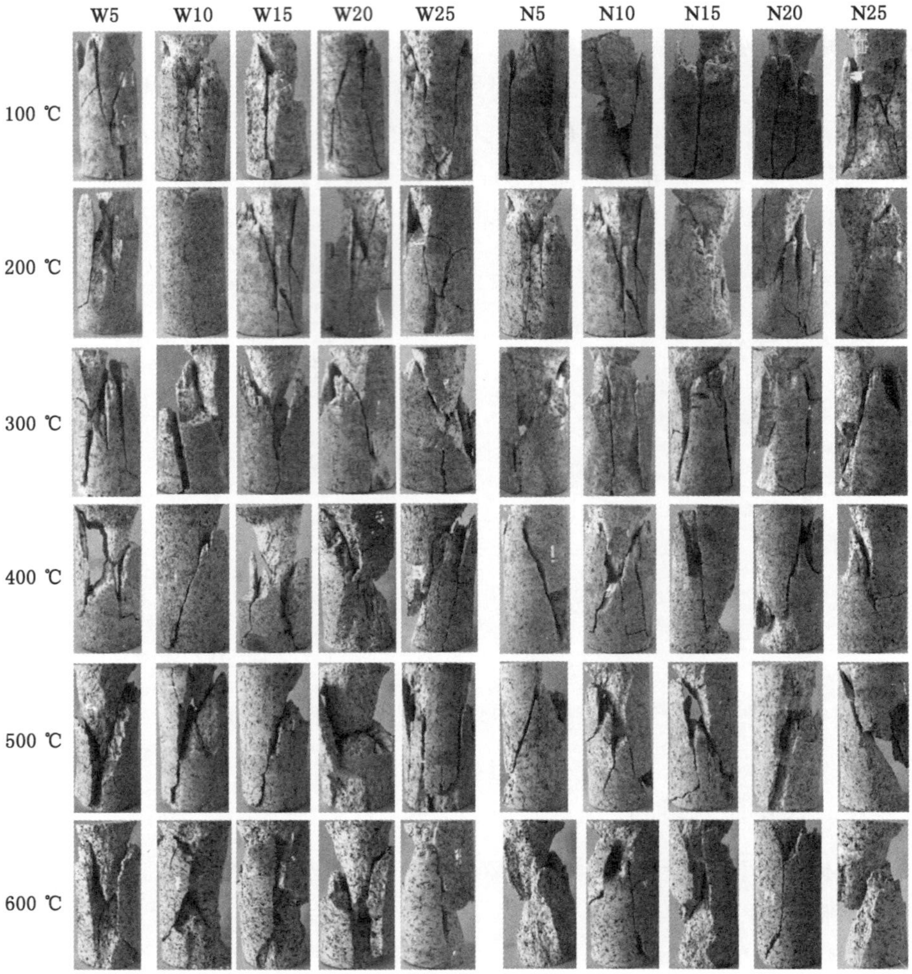

图 4-15　温度和交替作用下花岗岩的破坏模式图

的强度低于低温低交替次数下试件的强度[121]。这主要是因为当温度为 500～600 ℃时花岗岩中的石英晶体会发生相变，当温度达到 573 ℃时石英晶粒会由 α 相向 β 相转化。此温度作用下的花岗岩变化较为明显，颜色逐渐发黄，试件的延展性逐渐增加，强度降低较快。② 当温度大于 500 ℃时，随着交替次数的增加，破坏模式越来越复杂，破坏后的试件较为松散，易破碎。③ 从图中可以看出两种冷却方式下试件破坏后的变化无规律可循。值得注意的是，图中大部分试件上端为剪切破坏，这主要是由于花岗岩质地比较坚硬，强度相对其他岩石较高，端部效应明显突出[122]，试件与压头摩擦抑制作用导致剪切破坏居多。

④ 在高温阶段时，随着交替次数的增加，试件破坏面逐渐变得粗糙。当温度达到 500 ℃以上时，试件表面出现了大量的损伤裂纹，附着在试件表面的颗粒碎渣较容易掉落，破坏模式也较为复杂，水冷却试件的表现更为突出。这主要是因为水冷却试件在经过反复的浸水过程中会发生物理化学变化，力学性能再次弱化，受冷热冲击破坏程度随温度和冷热交替次数的增加而增加，水冷却下岩石内部的颗粒之间水起到一定的过渡作用，降低了岩石内部颗粒或微裂隙之间的胶结程度，同时水的孔隙压力对微裂隙也会产生一定的劈裂作用。⑤ 从破坏图中还可以看出，由于保温时间长达 8 h，所以试件的最内部均充分地达到预设温度值，其强度符合在该温度状态下的应力值。试件在高温状态下时体积会发生膨胀变形，同时也产生了热应力，矿物颗粒发生膨胀后会相互挤压，影响试件的破坏模式。

4.4 冷热交替作用后常温与高温下单轴压缩结果对比分析

为了分析温度作用对于冷热交替损伤作用后花岗岩力学性质的影响，根据上述常温状态下和高温状态下的试验结果，本节对比分析了两种状态下抗压强度、弹性模量及峰值应变的变化。

4.4.1 单轴抗压强度对比分析

为了对两种状态下的试验数据进行对比分析，我们在试件编号前面加上“S”代表高温下的试件，例如 SN100 ℃代表的是前期在 100 ℃自然冷却交替作用后在100 ℃ 温度作用下的试件，SW100 ℃代表的是前期在 100 ℃水冷却交替作用后在 100 ℃温度作用下的试件。

如图 4-16 所示，通过对比花岗岩经不同温度交替后在高温作用下和常温作用下的单轴抗压强度，可以得出：① 无论是自然冷却还是水冷却，高温作用下试件的强度都明显小于常温状态下的强度，这表明高温作用下的试件由于受到热应力的影响，其强度降低。另外还可以看出水冷却试件单轴抗压强度的下降幅度明显大于自然冷却试件的，表明水冷却后试件内部的损伤较为明显。② 在常温作用下水冷却试件和自然冷却试件都出现了 200 ℃时的抗压强度整体上大于 100 ℃时的抗压强度的现象，而在高温作用下这一现象只出现在了水冷却试件的结果中，一方面说明试件在 200 ℃产生的硬化作用并不是偶然出现，这种作用增加了试件的强度，另一方面说明水冷却会促进这种硬化作用，同时高温作用下这种硬化作用会降低。高温作用下的花岗岩内部结晶状态变化较为明

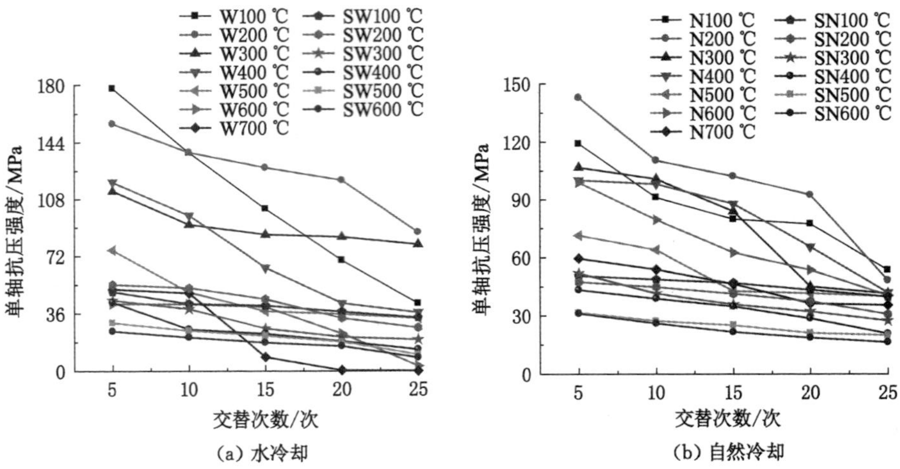

图 4-16　两种作用方式下单轴抗压强度的对比图

显，微裂隙的数量也相对较多，所以高温状态下的强度也相应降低。

从图中还可以看出，常温下的花岗岩在不同温度下的强度具有明显的区别，而高温作用下的花岗岩强度无论随温度的增加还是随交替次数的增加变化均较小。

4.4.2　弹性模量对比分析

弹性模量是衡量岩石抵抗变形能力的重要参数，其值越大表明岩石刚度越大，破坏时所需的外力也越大[117]。两种作用方式下花岗岩的弹性模量变化曲线如图 4-17 所示。总体上来看无论是水冷却还是自然冷却下试件在常温状态下的弹性模量要比在高温状态下的大，可见高温作用下所产生的热应力对试件的弹性模量存在一定的影响，且水冷却方式下弹性模量的下降幅度大于自然冷却方式下的下降幅度。

从图 4-17 可以看出，总体上常温作用下的花岗岩弹性模量大于高温作用下花岗岩的弹性模量，且常温作用下花岗岩的弹性模量的变化幅度较大，而高温作用下花岗岩的弹性模量随着交替次数的增加变化较为微弱。可以将弹性模量变化分为两个阶段：第一阶段为 100～400 ℃，在这阶段下弹性模量随着交替次数的增加变化幅度较小，如常温状态下，温度为 100 ℃，交替次数从 5 次增加至 25 次时，水冷却试件的弹性模量的降低幅度为 50.11%，自然冷却试件的降低幅度为 27.02%；第二阶段为 500～600 ℃，在此阶段下的弹性模量下降较快，高温作用下水冷却花岗岩的弹性模量已经接近于 0 GPa。如常温状态下，温度

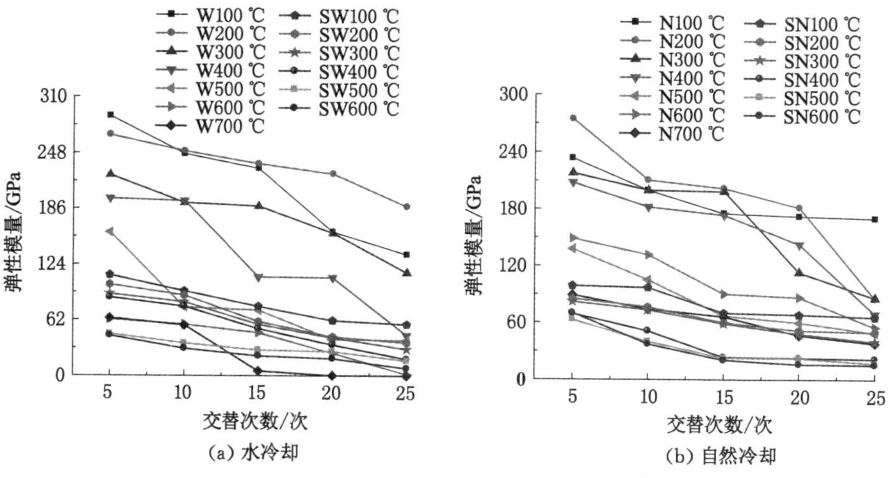

图 4-17　两种作用方式下花岗岩的弹性模量变化曲线

为 500 ℃，交替次数从 5 次增加到 25 次时，水冷却试件的弹性模量的降低幅度为 63.72%，自然冷却试件的弹性模量的降低幅度为 66.97%。

两种作用方式下的花岗岩存在一定的差异，高温作用下花岗岩整体的弹性模量要低于常温作用下花岗岩的弹性模量，其下降幅度也明显小于常温作用下花岗岩的下降幅度。高温作用下岩石内部的矿物受到热应力作用后会产生变形，由于不同矿物成分之间热应变不同造成内部损伤不同，进而导致矿物之间的接触发生变化，在热应力和单轴压缩应力的共同作用下使其弹性模量降低。

4.4.3　峰值应变对比分析

根据试件破坏时对应的应变得到峰值应变，它由初始压密阶段的应变和弹性变形阶段的应变相加而得，如图 4-18 所示，总体上来看，无论是水冷却还是自然冷却下的试件在常温状态下的峰值应变要比在高温作用下的大，且水冷却下的峰值应变要比自然冷却下的大。在同一温度作用下，峰值应变随着冷热交替次数的增加而逐渐变大，且水冷却作用下试件的峰值应变增加幅度大于自然冷却作用下试件的峰值应变增加幅度。

从图 4-18 可以看出，峰值应变随着温度和交替次数的增加整体上呈升高趋势。高温作用下的花岗岩峰值应变曲线随温度的升高较为集中，而温度作用前后峰值应变相差较大，如温度为 100 ℃、交替次数为 5 次时，常温作用下水冷却试件和高温作用下水冷却试件的峰值应变相差幅度达到了 35.80%，而常温作用下自然冷却试件和高温作用下自然冷却试件的峰值应变相差幅度达到了

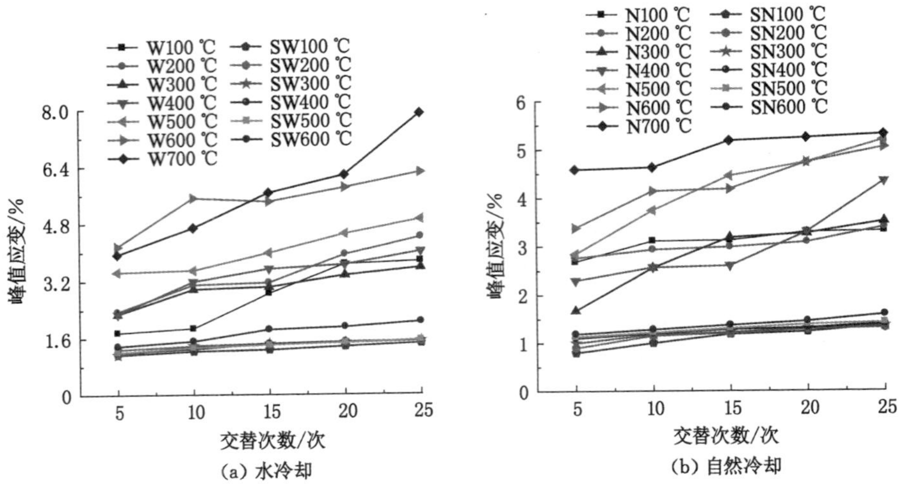

图 4-18　两种作用方式下花岗岩的峰值应变变化曲线

70.15%，可以看出自然冷却后花岗岩峰值应变的变化幅度比水冷却后峰值应变的变化幅度大 34.35 个百分点。水冷却后试件的峰值应变整体上大于自然冷却后试件的峰值应变。这主要是因为水冷却后试件的损伤较大，表现为延性破坏大于自然冷却后试件的，这在一定程度上也体现出了经过交替往复的作用后水冷却的试件强度会大大降低。而且水冷却后试件的峰值应变最高可达到 8.00×10^{-2}，而自然冷却后试件的峰值应变最高为 5.31×10^{-2}。

总体来说，冷热交替作用后花岗岩在高温下和在常温下的力学特性还是存在一定的差异，且高温对冷热交替后的花岗岩力学特性有较大的影响，说明当花岗岩处于热应力状态下时试件内部的矿物颗粒变得膨胀，试件受温度的影响较大，单轴抗压强度和弹性模量降低较为明显，峰值应变随着交替次数的增加逐渐加大。两者的区别还在于高温作用下的花岗岩在热应力状态下进行加载，其力学性质主要受温度的影响，而常温作用下的花岗岩经过加热后冷却进行加载，在降温的过程中又会慢慢恢复其力学性质，所以两者的差异较大，但是两种方式下花岗岩的力学性质劣化均呈连续的变化过程。

4.5　本章小结

本章采用多功能伺服控制三轴试验机，对经不同温度交替、两种冷却方式作用后的花岗岩开展了高温状态下和常温状态下的单轴压缩试验，对比分析了试件的纵波波速、弹性模量、单轴抗压强度、峰值应变及损伤特性等的变化规律，所得结论如下：

（1）在高温下和常温下，随着温度的升高和交替次数的增加，两种冷却方式下的试件的单轴抗压强度、纵波波速和弹性模量整体上均呈降低趋势，但是其降低幅度有所不同。

（2）同一温度下，随交替次数的增加，水冷却试件的单轴抗压强度的下降趋势较自然冷却下试件的下降趋势要大，水冷却下试件的损伤程度明显要大于自然冷却下试件的损伤程度。随着温度的升高，试件破坏时，碎块及碎渣增多，脆性度降低。

（3）在高温下，当温度为 200 ℃左右时，水冷却状态下，尽管试件强度也是随着交替次数的增加而降低，但当交替次数为 5 次、10 次时，其强度高于自然状态下的强度，这是冷热交替过程中黏土矿物硬化与微裂纹破裂相互作用的结果，在加热过程中失水致使黏土类矿物干缩，其颗粒硬化致使强度提高的程度大于微破裂造成强度下降的程度；而交替次数造成了黏土矿物与微裂纹的分布平衡，只有温度在 200 ℃左右，水冷却下交替次数小于或等于 10 次时，高温下的单轴抗压强度才有可能高于自然状态下的强度，其他条件下强度都低于自然状态下的强度。

（4）交替次数、降温方式对试件损伤过程及微破裂的影响主要体现在温度冷热交替过程中，不均匀的变形导致微裂隙的产生和发展。同一温度作用下，交替次数越多，微破裂越严重，强度降低的幅度越大，水冷却相对于自然冷却产生的温度梯度更大，不均匀变形更严重。在自然冷却降温过程中微裂隙的增加主要表现在升温阶段，而对于水冷却，升温过程中会产生失水干缩引发的破裂，同时冷却过程中由于冷却速度较快，试件内外温度梯度较大，不均匀矿物组分产生不均匀的冷缩变形，导致矿物颗粒间开裂，产生微裂隙，相对于升温过程，降温过程产生的微破裂更为严重。

（5）从整体上看，两种冷却方式下试件的破坏模式以剪切破坏和柱状劈裂破坏为主。随着温度的升高，试件破坏时，碎块及碎渣增多，脆性度降低，表观颜色由灰黑色逐步变为土黄色，且随着交替次数的增加，试件呈现出越来越破碎的形态，尤其当温度在 600 ℃以上时，破裂现象较明显，基本失去了承载能力。

第5章 不同温度冷热交替作用后花岗岩渗流特性及其细观特征

花岗岩自身具有质地坚硬、结构致密的特点，是典型的低渗岩石，但由于花岗岩在地热开采的过程中经历不同温度冷热交替的作用，其内部的结构及渗透性必然会发生相应的改变，进而影响地热人工储留层的换热效率和渗流特性；同时渗透率也是表征岩石物理力学性质的一个重要参数，不同温度冷热交替作用后花岗岩渗透率的大小直接反映了其内部的相互连通程度及导液的能力。当岩石内部结构发生变化时，流体的运移及储存状态也随之发生改变。大量的学者已通过试验结合数值模拟的方法对花岗岩的渗透率进行了不同温度作用后的影响研究。例如 Zhang 等[123]研究了花岗岩渗透率随温度的变化规律，结果表明渗透率在 200 ℃后快速增加，这主要是因为试件在加热冷却的过程中内部产生了大量的微裂纹，而且温度越高，裂纹变化也越明显。为了研究花岗岩渗流特征及裂纹的贯通程度，田文岭[124]研究了不同温度作用后花岗岩在三轴压缩过程中渗透率的演化特征，得到了当温度小于 500 ℃时渗透率在加载过程中先降低后稳定，最后开始急剧上升，当温度小于 600 ℃时渗透率随着加载的上升不断降低。研究不同温度冷热交替作用后花岗岩的渗流特性及其细观特征，对于地热人工储留层的建造具有重要的意义。

本章首先通过水渗透测试系统对不同温度冷热交替作用后的花岗岩进行了渗透试验，得到了不同围压、不同轴压及不同渗透压下岩石的渗透率，然后通过 XRD 衍射曲线分析了不同冷却方式下矿物成分的变化，并运用扫描电镜和偏光显微镜等观测了花岗岩的细观结构特征。

5.1 花岗岩渗透率随温度及交替次数的变化规律

5.1.1 试验设备及方案

本试验采用的是太原理工大学与江苏华安科研仪器有限公司联合研制生产的水渗透测试系统。如图 5-1 所示，该系统主要包括恒压泵、渗透增压系统、围压和轴压加载系统、夹持系统以及控制与采集系统。其中夹持器为核心部分，将试件密封在其中，通过水压、轴压和围压系统对试件进行加载，增压系统为渗透提供恒定的水压力，围压和轴压系统通过柱塞泵加载，该设备最大轴压和围压可达到 30 MPa。本次试验采用的液态水为蒸馏水。

图 5-1　渗流试验设备图

(1) 夹持系统主要是用来密封试件并且为渗流试验提供一定的应力状态的设备，其中围压和轴压系统是独立于夹持系统的，可以单独调节，控制围压与轴压的大小。

(2) 控制与采集系统主要是用计算机自动记录试验数据，根据试验方案进行流量或流速的调节控制。

(3) 增压系统主要为夹持系统提供一定的压力，主要包括恒速恒压泵、围压阀、轴压阀，用来调节不同应力状态下的渗透率。

(4) 天平上放置一个 200 mL 的烧杯，用来接渗出来的水，采用保鲜膜将烧杯表面密封一层，以防蒸馏水蒸发。测得的结果可实时自动记录到计算机上，本书采用的是每间隔 10 s 记录一个数据。

水渗透测试系统示意如图 5-2 所示。花岗岩试件的渗透率可以根据下式[59]进行计算：

$$K_1 = \frac{Q_w \mu_w L}{A \Delta p} \tag{5-1}$$

式中　K_1——渗透率，m^2；

L——样品长度，m；

A——试件面积，m^2；

μ_w——水的黏度，Pa·s；

Δp——入口和出口压力之间的测量压差，Pa；

Q_w——水流量，m^3/s。

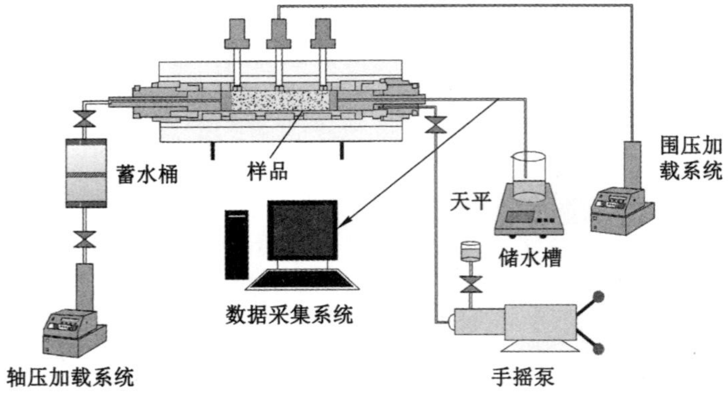

图 5-2 岩石水渗透测试系统结构示意图

渗透率的计算使用常温下的黏度恒定值。

以 100 ℃下冷热循环 5 次为例：L 为样品的长度，取 0.1 m；A 为试件的面积，为 0.196 25 m^2；入口压力为 2×10^6 Pa，出口压力为 0.1×10^6 Pa；μ_w 是水的黏度，取 1×10^{-3} Pa·s；Q_w 是水流量，取 2.43×10^{-10} m^3/s。代入式(5-1)得到相应的渗透率为 0.652×10^{-18} m^2。其他试件均采用同样的方法计算而得。

试验试件及方案：

(1) 本试验采用的是前文经历不同温度冷热交替处理后的标准圆柱体试件。由于花岗岩具有较低的渗透性、较高的致密性和强度，所以采用稳态法进行渗透率的测试。

(2) 由于本试验的试件是经过不同冷热交替处理后的花岗岩，水冷却后的试件表面已经有较为明显的裂纹。为了对试件的损伤降为最低，每个温度测点轴压设为 6 MPa、8 MPa 和 10 MPa，围压设为 4 MPa、6 MPa 和 8 MPa，渗透压设为 2 MPa、4 MPa 和 6 MPa。

(3) 在每个试件的围压和渗透压保持稳定之后，收集渗透测试数据。测试期间的流量由电子天平收集。计算机自动记录和保存试验数据。

为了研究温度交替处理后花岗岩渗透率随围压的变化，首先对花岗岩试件进行热处理，其处理过程与前文相一致，这里不再赘述。以 600 ℃两种冷却方式下的花岗岩为例，具体试验步骤如下：

(1) 将高温处理后的花岗岩在常温状态下干燥 2 h，之后安装在夹持器中，连接并密封好夹持器后，将轴压设为 6 MPa，在不改变轴压的情况下，调节围压以及渗透压的值分别为 4 MPa 和 2 MPa。

(2) 待渗透压稳定之后，观察并开始记录试件的渗透率变化，该过程由计算机自动记录。

(3) 由于水渗的速度较慢，所以所需的渗透时间较长，每个测点每 2 h 观察一次渗透率的变化。为了保证测试结果的准确性，每测试一个渗透率需要等待至少 2 h。

(4) 当一个测点完成后，保持轴压 6 MPa 不变，调整围压和渗透压分别为 6 MPa 和 4 MPa；之后以同样的方法，不改变轴压，调整围压和渗透压分别为 8 MPa 和 6 MPa。

(5) 重复(1)～(4)的试验步骤，完成其他测点的渗透率试验。

(6) 首先从高温开始测试，按照 600 ℃、500 ℃、400 ℃、300 ℃、200 ℃和 100 ℃的顺序进行交替渗透试验。

5.1.2　渗透率随交替次数的变化规律

通过渗透率的变化值来间接反映出试件内部裂隙的大小。渗透率大，裂隙也相对较宽，其内部的连通程度也相对较好。图 5-3 为在不改变围压和渗透压的情况下，400～600 ℃交替热处理后的花岗岩渗透率随交替次数的增加的变化规律：① 整体上看，渗透率随温度升高呈上升趋势。② 随着交替次数的增加渗透率同样也呈增加趋势，但是其增加的幅度分为两个阶段：100～500 ℃的试件其渗透率呈缓慢上升趋势，500 ℃后渗透率呈快速上升趋势。③ 从图 5-4(a)和(b)比较可以得出，水冷却后的花岗岩渗透率要明显大于相对应自然冷却后的花岗岩，同样也说明了水冷却后试件内部的孔裂隙要多于自然冷却后的试件。

5.1.3　渗透率随围压的变化规律

在不改变轴压和渗透压的情况下，通过式(5-1)可以计算得到不同温度作用后花岗岩渗透率随交替次数的变化，如图 5-4 所示。两种冷却方式下试件的渗透率均随着温度和交替次数的增加呈上升趋势，但是水冷却后试件的渗透率明显大于自然冷却后试件的渗透率。自然冷却后试件的渗透率随交替次数的增加其变化幅度相对较小，当围压达到 8 MPa 时，其渗透率几乎没有改变。

5.1.4　渗透率随渗透压的变化规律

图 5-5 为在不改变围压和轴压的情况下，随渗透压的增加花岗岩渗透率的变化规律，从图中可以看出：① 从整体上看，渗透率随渗透压的增加呈上升趋势。② 随着交替次数的增加渗透率呈增加趋势，不过增加的幅度较小。③ 温

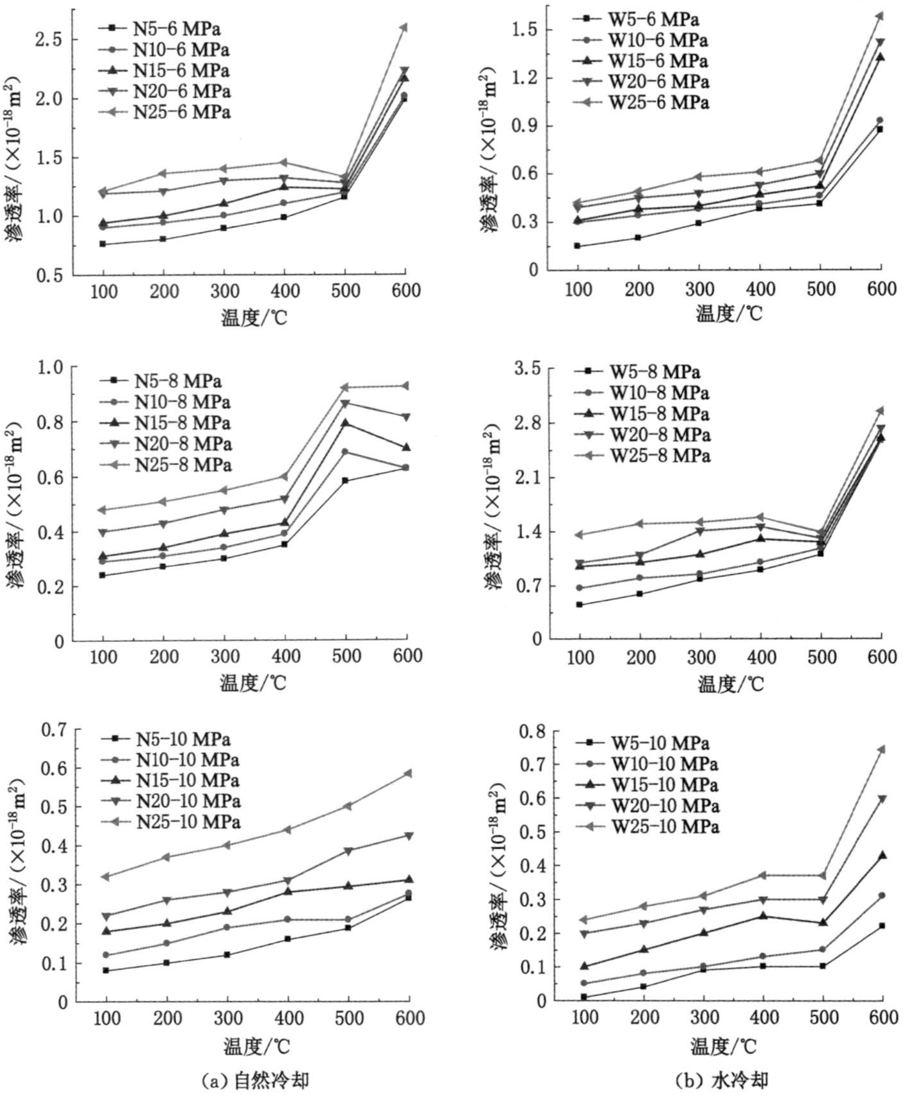

图 5-3　渗透率随轴压的变化规律

度越高渗透率越大，且渗透率随温度升高的幅度明显要大于随交替次数升高的幅度。④ 水冷却过后花岗岩的渗透率要明显大于相对应自然冷却后花岗岩的渗透率，自然冷却下试件在冷热交替 10 次之前的渗透性较差，说明此时试件内部的密实度还较好。⑤ 从图中可以将渗透率变化划分为两阶段：100～400 ℃渗透率缓慢上升阶段和 400～600 ℃渗透率快速上升阶段。渗透率发生较大的

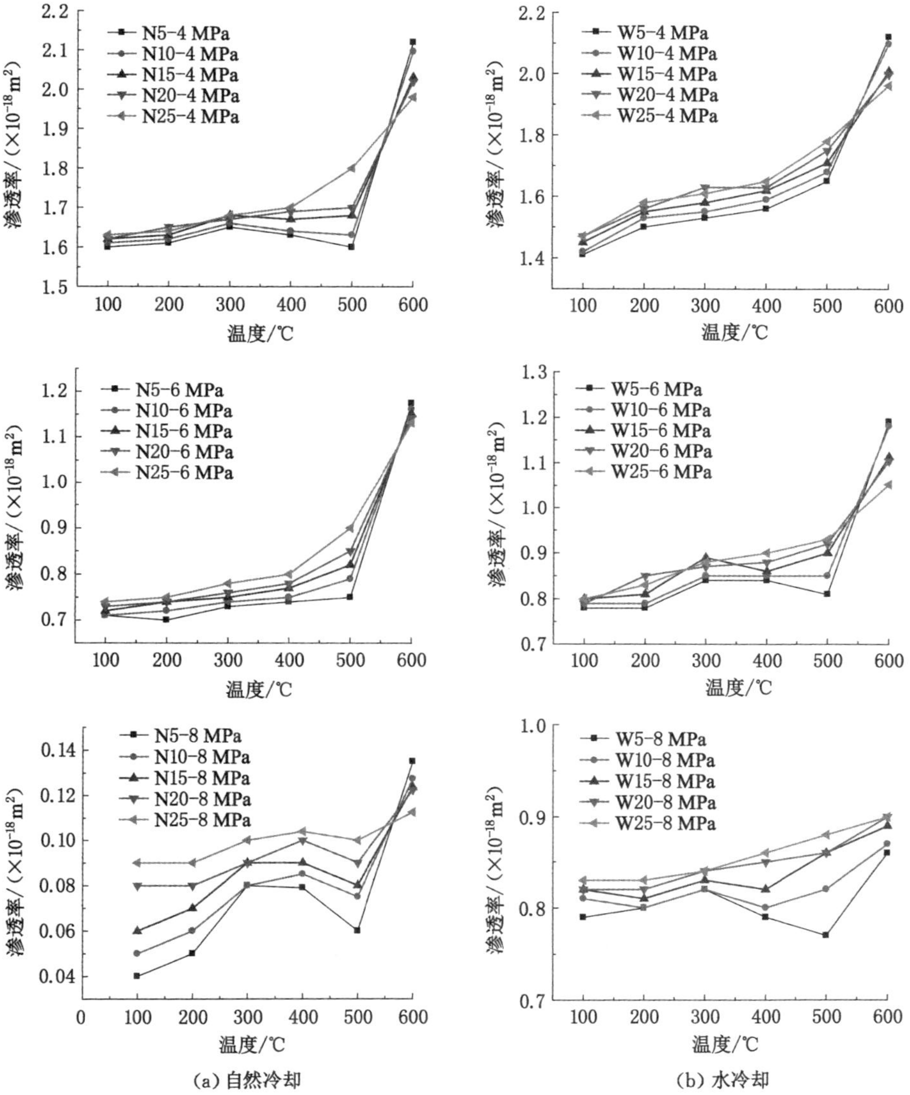

图 5-4　渗透率随围压的变化规律

变化是当温度大于 400 ℃时，说明试件渗透率的阈值温度为 400 ℃，这是因为当温度超过 400 ℃时，花岗岩内部的孔裂隙逐渐增多增大，导致试件的渗透率急剧增大。

总之，随温度和交替次数的增加，试件渗透率呈逐渐增加趋势，这是因为试件内部的孔裂隙在交替作用下逐渐增大，导致试件内部的连通程度较好。但是

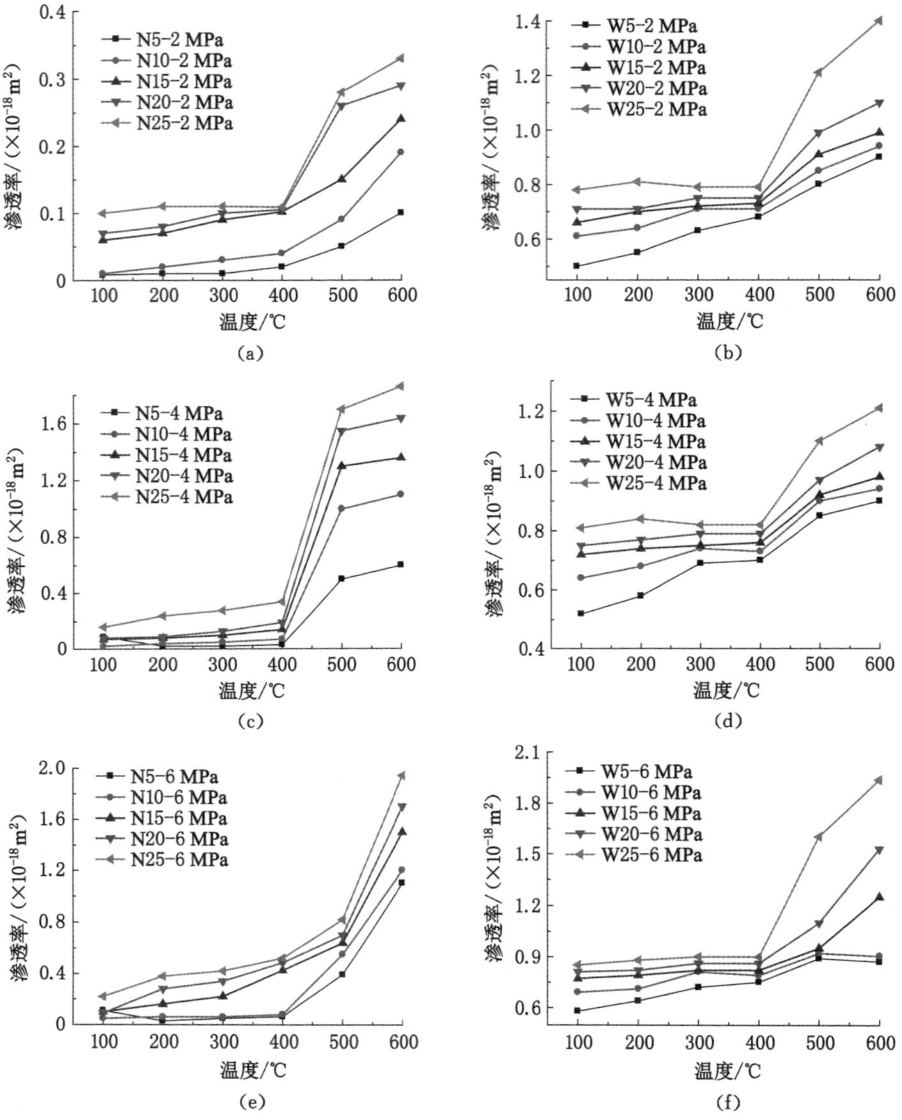

图 5-5　渗透率随渗透压的变化规律

在增加围压或轴压的情况下，试件的渗透率却反而减小，这主要是因为增大围压或轴压时试件内部的孔裂隙由于外力的作用而闭合。渗透率随渗透压的增大而增大是试件渗透压增加而水流量增大导致。渗透率的变化直接关系到人工储留层中的热交换面积，而随着交替次数的增加渗透率上升，这无疑对工程实际有促进作用。

5.2　不同温度冷热交替作用后花岗岩矿物成分的变化

为了研究花岗岩在不同温度冷热交替作用后的损伤变化，本节进行了温度作用后花岗岩的 X 射线衍射(XRD)和 X 射线荧光分析测试(XRF)，对岩石热损失的微观变化机制进行了揭示，为宏观参数对微观结构变化的响应分析提供依据。

5.2.1　试验设备

XRD 试验装置采用 DX2700B，如图 5-6(a)所示，其主要技术参数为：标定功率：4 kW；X 射线管：金属陶瓷管；靶材：Cu；稳定度：≤0.01%；测角仪结构：样品水平(θ-θ)；测角仪半径：225 mm；最小步进角度：0.000 1°；角重复精度：0.000 1°；2θ 角线性度：国际标准样品全谱范围内所有峰的角度偏差不超过±0.02°。

(a) XRD设备

(b) XRF设备

图 5-6　测试设备图

XRF 设备采用 E3，如图 5-6(b)所示。该设备具有 20 倍放大摄像头，可调节光斑大小，灵敏度高，分辨率高。

5.2.2　试验结果分析

花岗岩在高温作用后内部微观结构的变化可以反映出微观损伤机理。通过对比两种冷却方式下花岗岩试件的 XRD 图谱(图 5-7)，发现岩石内部的结构和组成随温度的变化均无明显的改变，四种主要矿物的衍射信息均没有明显消失，不同的是其衍射强度发生了改变。花岗岩微观损伤最主要表现为裂纹的发

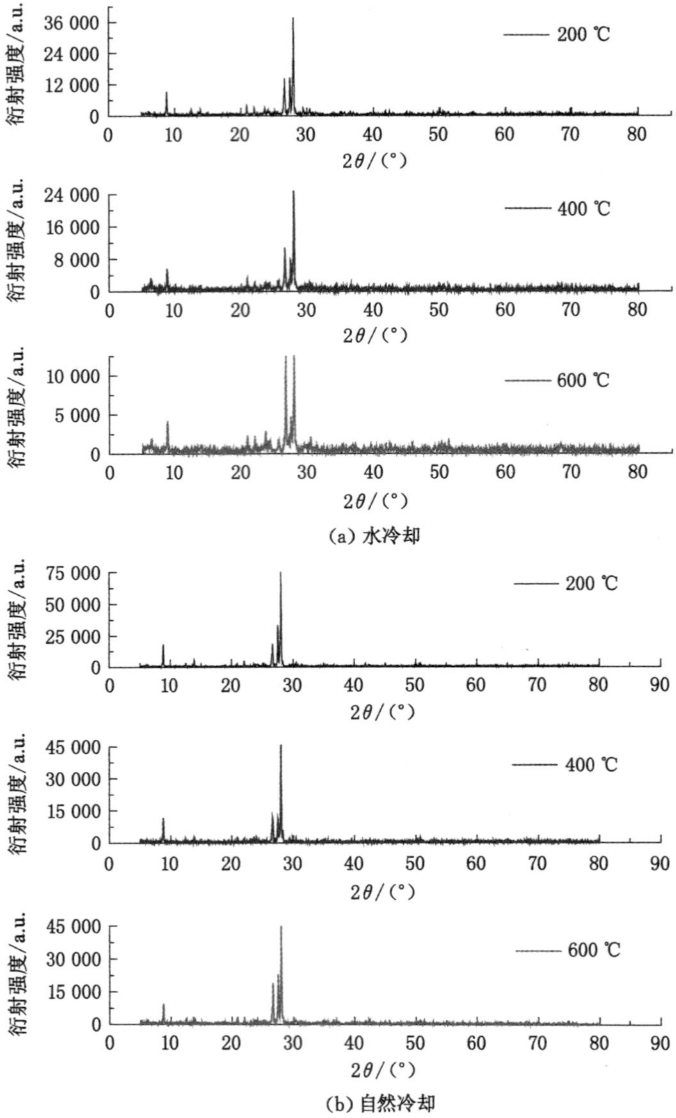

图 5-7　花岗岩 XRD 图谱

育、熔融和相变。由图 5-7 可以看出，两种冷却方式下的最大衍射峰随着温度的升高而降低，其中矿物成分的含量也会相应地减少，而且水冷却试件的波峰低于自然冷却试件的波峰，这主要是因为在水冷却的过程中矿物受到物理化学作用所致。在水冷却的过程中，由于水的毛细作用而将试件内部的孔裂隙充满，从而起到降温作用，与此同时水与矿物发生了化学反应，一些矿物在某一温度作用下会发生分解反应(如当温度为 200～550 ℃时黑云母与钾长石遇水会发生分解),且水冷却的试件在加热过程中受到热膨胀后又迅速放入水中进行冷却,这样冷热变换导致试件快速收缩产生裂纹,这对试件矿物颗粒造成的损伤是无法恢复的;而自然冷却的试件则是放置在炉膛内进行冷却,由于试件长时间处于热应力状态而导致试件内部产生热膨胀,对试件造成一定损伤。

通过 XRF 测试确定花岗岩中的矿物成分以及主要元素随温度的变化。通过观察表 5-1 和表 5-2 可以发现花岗岩内部的矿物成分以及所含元素成分随温度的变化均无明显的改变,仅含量发生了变化,这是因为石英在高温下会发生相变,黑云母遇水发生反应,岩石中的氧化物遇水会发生分解,然而这些反应会导致矿物晶体遭到破坏,打破原岩的状态,从而导致花岗岩内部缺陷的增加。随着温度的升高,试件水分逐渐丧失;水分子将分解为游离的 H^+,而这些游离的 H^+ 可能会与岩石中的矿物发生反应,使得矿物内部产生孔裂隙。

表 5-1　不同温度作用后花岗岩各氧化物的含量

各氧化物	含量/%					
	100 ℃	200 ℃	300 ℃	400 ℃	500 ℃	600 ℃
MgO	1.51	1.39	1.44	2.13	1.74	1.66
Al_2O_3	19.47	19.43	19.04	19.28	19.68	19.18
SiO_2	67.46	68.18	68.13	66.70	66.98	69.02
K_2O	4.11	3.76	4.09	3.96	4.19	3.80
CaO	3.61	3.58	3.70	3.91	3.52	3.43
Fe_2O_3	2.07	1.91	1.93	2.14	2.15	1.45
P_2O_5	0.59	0.61	0.62	0.62	0.58	0.54

表 5-2　不同温度作用下花岗岩主要元素的含量

主要元素	含量/%					
	100 ℃	200 ℃	300 ℃	400 ℃	500 ℃	600 ℃
Mg	1.24	1.17	1.18	1.75	1.56	1.38
Al	15.81	15.62	15.49	15.66	15.86	15.42
Si	58.91	60.94	59.62	58.03	58.28	62.17
K	8.93	8.03	8.90	8.55	9.11	8.28
Ca	7.30	7.06	7.50	7.86	7.14	6.90
Fe	4.59	4.08	4.28	4.73	4.78	3.15
P	0.61	0.62	0.64	0.63	0.60	0.57
Mn	0.11	0.09	0.10	0.10	0.11	0.07

而花岗岩在加热-冷却的过程中通过吸热和放热反应对矿物晶体产生影响[125]。在高温的作用下产生了热破裂或热冲击,矿物成分的改变在一定程度上改变了岩石的物理力学性质,这与 Sun 等[126]的研究结果相一致。热处理会降低岩石的物理力学性能。花岗岩在受热时内部的水分会蒸发,水从试件的孔裂隙中蒸发从而降低孔隙压力,使得岩石产生破碎并降低岩石的强度。遇水冷却时还会导致岩石内部产生热应力,造成岩石的热损伤,而热损伤是不可逆转的。

在一定程度上宏观裂纹是通过微观损伤的积累造成的[127],这种损伤也可以通过显微镜的观测进行分析,可以看出岩石表面出现裂纹,而且随着温度的升高,裂纹越来越多,甚至表面出现了碎屑。一方面当岩石受热时,体积膨胀,由于岩石从表面到内部受热程度不一样,因此整块岩石各部分的膨胀程度也不同;另一方面,当岩石受冷时,体积收缩,由于从岩石表面到内部受冷的程度也不一样,整块岩石各部分收缩的程度不同。时间长了岩石各部分总是胀缩不均匀,内部结构就会受到破坏,产生裂缝,甚至脱落下碎石屑。

试件在经过热处理后不仅发生了化学变化还发生了物理变化。在温度的作用下,由于花岗岩内部各种矿物颗粒的粒径以及热膨胀系数的不同,引起颗粒边界的热膨胀不一致,矿物颗粒之间或颗粒内部产生的拉压应力(结构热应力)使得花岗岩内部产生微裂纹。随后,原生以及次生裂纹扩展、贯通,宏观上就表现为力学性能的劣化,在微观上表现为裂隙随温度的升高而增多。而且水冷却后试件的劣化程度明显大于自然冷却后试件的劣化程度。随着温度的升高,氧化物发生改变还可能是因为试件之间存在各向异性(虽然试件均取自同一块岩石,但是其矿物含量的多少可能会存在一定的差异,这也是导致试件各元素相同但含量却不同的原因之一),最终使得试件的结构遭到破坏,从而降低了岩石的强度。

当温度低于 200 ℃时,试件内部的矿物颗粒在加热过程中膨胀,并且由于不均匀的热膨胀变形而产生少量的微裂纹,而初级微裂纹保持闭合。一些少量的气体或液体被加热并挥发,例如作为水蒸气挥发,其损失改善了矿物颗粒之间的接触状态,从而增加了摩擦。与水冷却相比,自然冷却的速度非常慢,样品内部产生的温度梯度非常小,收缩变形相对均匀,并且产生新裂纹的可能性非常小。

5.3 扫描电镜观测花岗岩在冷热交替作用后的破坏形态

随着微观测试技术的不断发展,花岗岩微观力学特征的观察逐渐变得直观和便捷。左建平等人[128]通过扫描电镜观测技术,研究了花岗岩在不同应力作用下裂纹的扩展变化，发现在地应力作用下，裂纹的扩展主要受应力集中及多种矿物力学行为及它们之间的黏结力作用大小的影响[129]，最终裂纹的萌生主要发生在矿物颗粒之间较为薄弱的胶结面上。Zhang 等人[123]研究发现随着荷载的逐渐增加，裂纹会逐渐沿着水平方向扩展，直至最后破裂。

5.3.1　试验设备与过程

本书采用的扫描电镜设备(SEM)如图 5-8 所示，型号为 JSM-7100F 肖特基场发射扫描电镜，采用通用性强的 out-lens 式物镜和 High Power Optics 高性能电子光学系统，操作非常方便。该设备主要由电子光学系统、样品室和样品台、扫描和观察系统、真空系统等组成。

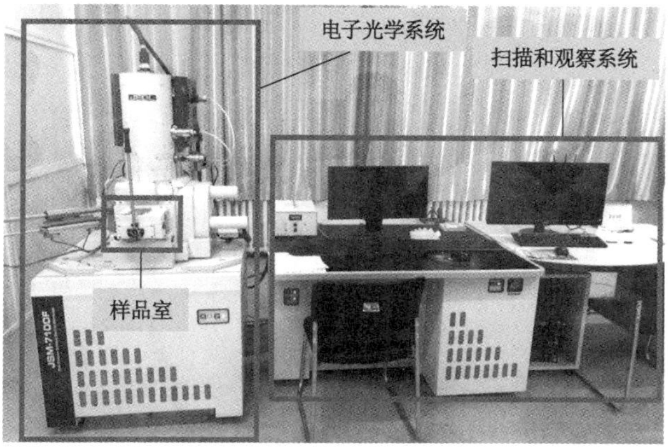

图 5-8　扫描电镜设备图

试验的具体过程如下：

(1) 在测试之前选取 10 mm×10 mm×2 mm 的试件放置到密封袋中准备进行 SEM 测试，保证试件表面不被破坏并保持好清洁程度。

(2) 在将试件放入样品室之前，采用长镊子取出试件，对其表面进行喷金处理。

(3) 将处理完的试件放入设备的样品室中，一次最多放置 4 个样品。为区分样品可以在试件边缘处进行简单标记。

(4) 对试件进行抽真空，在此过程中，样品越小其抽真空的时间越短。

(5) 抽完真空后进行扫描，扫描之前需要调节扫描电镜的电压、亮度和放大倍数，调整到最佳状态后开始扫描试件，此过程需要不断地寻找。

(6) 找好需要拍照的区域后进行拍照保存。

(7) 扫描完成后，将样品取出放入密封袋中。

5.3.2 不同温度单次作用后花岗岩扫描电镜观测分析

为了更进一步探究不同温度的花岗岩在两种冷却方式下的损伤机理，采用微观扫描电镜对两种冷却方式后花岗岩的微观形貌进行了扫描。

图 5-9 为花岗岩在经历不同温度单次作用后水冷却下的微观扫描电镜图片(放大倍数为 3 000 倍)。当温度为 100 ℃时[图 5-9(a)]，由于花岗岩试件质地比较致密，试件的微观断口形貌呈台阶状，晶体表面光滑平坦，结构也较完整，同时还出现了细小的微裂纹。当温度为 200 ℃时[图 5-9(b)]，试件的断口形貌较光滑平坦，并且出现了未连通的穿晶裂纹，裂纹的宽度较小。当温度升高到 300 ℃时[图 5-9(c)]，可以观察到沿晶裂纹、穿晶裂纹并存，裂纹较发育，同时还有微孔洞，其断口形貌呈现出不规则的微坑状。当温度为 400 ℃ 时[图 5-9(d)]，花岗岩断裂表面出现了明显的大裂纹，并形成相互贯通的裂纹，断口形貌呈解理台阶状，主裂纹相交汇聚形成“十字形”裂纹，同时伴有支裂纹产生，在试件的断口表面还可以观察到有碎屑物质产生。当温度为 500 ℃时[图 5-9(e)]，部分晶体已经被破坏，穿晶裂纹将晶体劈开并与沿晶裂纹连通，在晶体上产生穿晶裂纹，还分布着微孔洞，说明断口表面发生过微小的塑性变形。当温度升高到 600 ℃时[图 5-9(f)]，试件的扫描电镜图片较之前明显发亮，说明温度作用对岩石的导电性产生了明显的影响[68]，晶体表面也变得较为粗糙和破碎，沿晶裂纹的宽度进一步增大。试件内部的热应力达到一定程度之后，沿晶裂纹与穿晶裂纹之间就会相互贯通，形成裂隙网络，造成损伤。从图 5-9 可以看出，加热到 100 ℃时，裂纹痕迹很少，大部分清晰地沿着晶界分布[130]。因此可以认为，当加热温度低于 200 ℃时，试件中几乎没有产生新的裂纹，但是裂纹的形状可能会改变，例如在收缩过程中打开原始封闭的裂纹或增加原始裂纹的宽度。

图 5-10 为花岗岩在经历不同温度单次作用后自然冷却条件下的微观扫描电镜图片(放大倍数为 3 000 倍)。从图 5-10(a)、(b)整体上看，温度为 100 ℃和 200 ℃时，试件表面形貌较光滑平坦，出现一些微小的破裂。从图 5-10(c)中可以看到，温度达到 300 ℃时，花岗岩试件表面出现了沿晶破坏，即由 100～200 ℃ 的微小破裂逐渐扩展延伸变为沿晶破坏。从图 5-10(d)、(e)看出，温度为 400～500 ℃时，试件表面出现了较大的破坏，而且表面也逐渐变得粗糙、不均匀，并且出现少量的碎屑物，试件颗粒也开始剥落[131]。从图 5-10(f)可以看出，当温度达到 600 ℃时，试件表面较破碎，出现了粉碎性破坏，并且表面的碎屑物较多。这些微观现象的变化与宏观破坏模式产生的现象相一致，同时较好地验证了花岗岩随着温度的增加抗压强度逐渐降低。

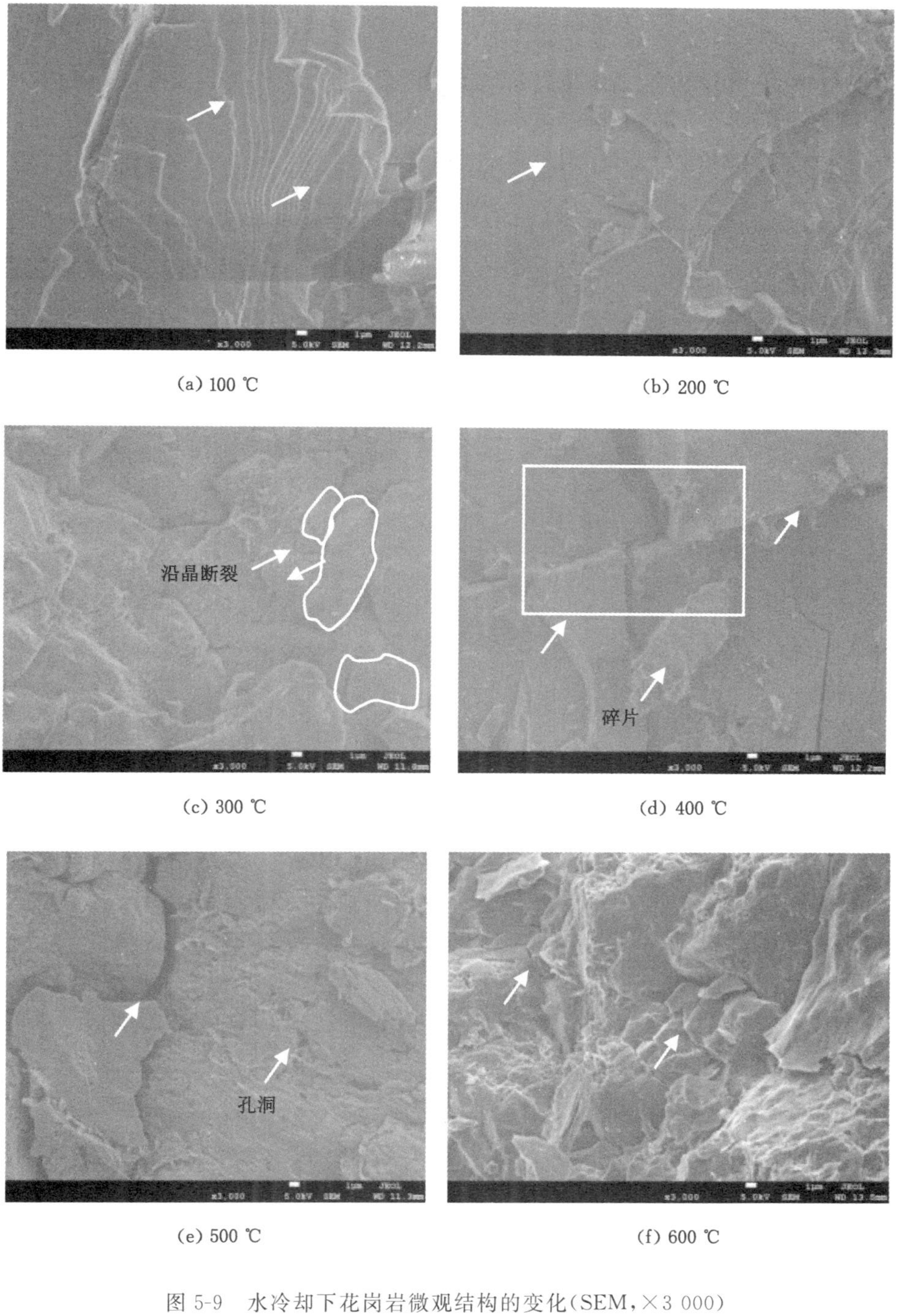

(a) 100 ℃　　(b) 200 ℃

(c) 300 ℃　　(d) 400 ℃

(e) 500 ℃　　(f) 600 ℃

图 5-9　水冷却下花岗岩微观结构的变化(SEM,×3 000)

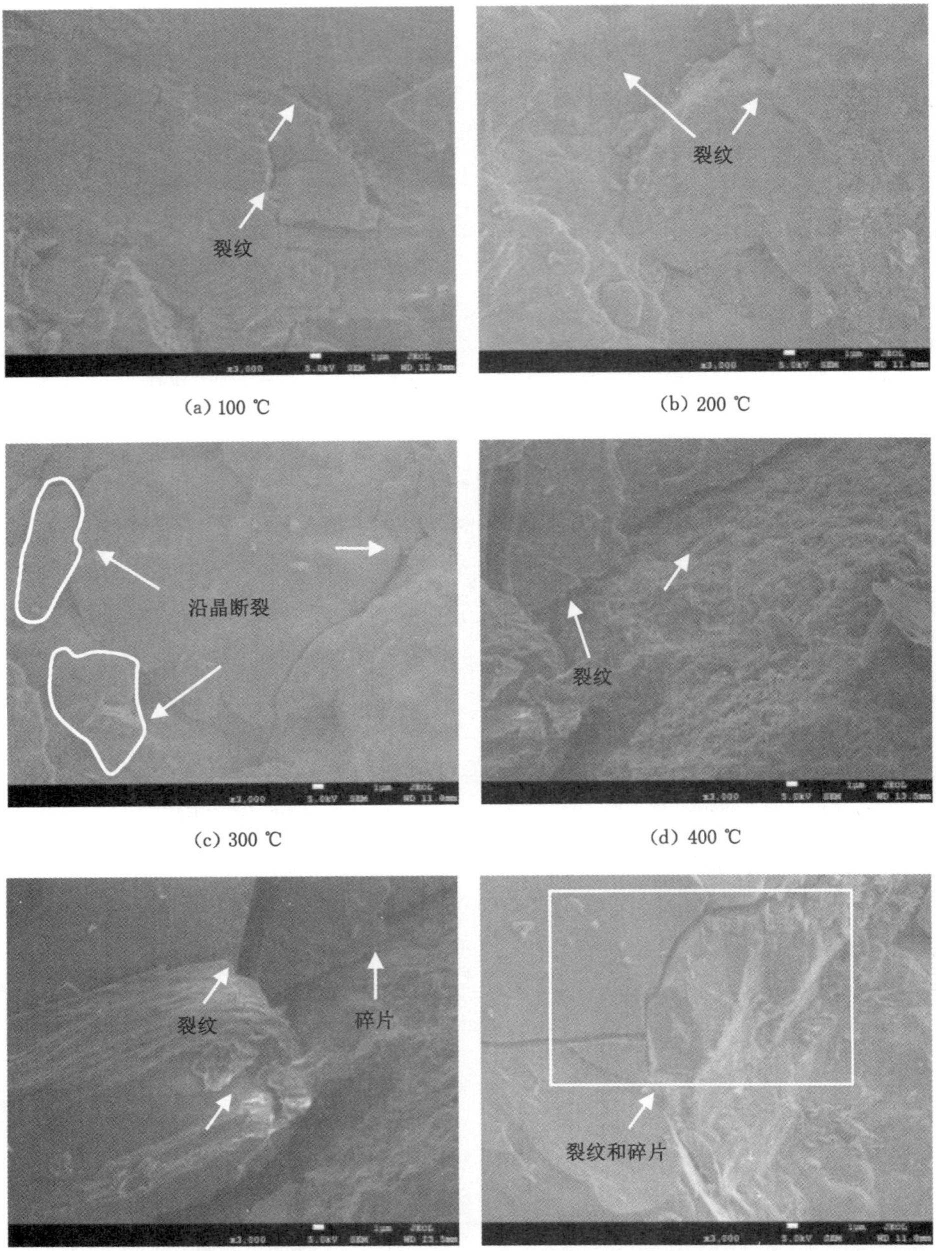

(a) 100 ℃　(b) 200 ℃

(c) 300 ℃　(d) 400 ℃

(e) 500 ℃　(f) 600 ℃

图 5-10　自然冷却下花岗岩微观结构的变化(SEM,×3 000)

从以上试验现象可以得出，不同温度的花岗岩在不同冷却方式下微观形貌的变化大体可分为两个阶段：当温度为 100～300 ℃时，其试件表面形貌以光滑的平面和微小的裂纹为主，晶体结构无明显的变化；沿晶裂纹和穿晶裂纹都存在，温度越高，断裂程度越高，遇水后试件的断裂程度大于自然冷却后的断裂程度，且水冷却后试件穿晶破坏程度大于自然冷却后试件的穿晶破坏程度。当温度大于 300 ℃时，原始的微裂纹逐渐扩展，最终发育成较大的裂纹，同时产生新的微裂纹，水冷却后，试件在发生物理变化的同时还发生了化学变化，晶体结构损伤严重并有新的产物生成，进而导致岩石力学特性发生变化[132]。

5.3.3 冷热交替作用后花岗岩扫描电镜观测分析

图 5-11 为花岗岩在温度为 600 ℃下冷热交替 5 次到 25 次后的扫描电镜图(SEM)，通过对比分析不同交替次数下花岗岩的扫描电镜变化图，得到交替次数对花岗岩的影响。

从图 5-11(a)～(e)可以看出，自然冷却下冷热交替 5 次时试件表面光滑平坦并且伴有光滑的小台阶状，同时也观察到有微细小的裂纹出现；冷热交替 10 次时光滑的平面上出现了碎屑物，这可能是岩石颗粒的碎渣；冷热交替 15 次时试件表面出现了明显的裂纹；冷热交替 20 次时裂纹进一步变宽加深；冷热交替 25 次时试件表面变得较为粗糙复杂。

而水冷却下的试件在交替冷却的过程中损伤程度较大，从冷热交替 5 次到 25 次的过程中，先是出现明显的裂纹，然后出现溶蚀坑，再出现裂纹明显变宽变大，最后表面变为凹凸不平的层状结构。从这一变化过程可以看出，随着交替次数的逐渐增加，试件由简单向复杂、裂纹由浅到深变化，同时验证了冷热交替对试件的损伤结果。由本次扫描电镜试验的观察结果可知，当热处理温度为 600 ℃、冷热交替 15 次时，初始开裂形式以沿晶断裂为主，随着循环次数的逐渐增加，穿晶裂纹明显增多。此外，微孔洞和较大的沿晶裂纹可能会成为热开裂新的损伤源。

由于花岗岩是一种复杂的天然材料，由多种矿物所组成，而这些矿物基本上是由不同尺寸的晶体颗粒构成，在力学、热学性质等方面一般都会表现为各向异性。而加热产生的拉应力极易在岩石内部形成沿晶与穿晶断裂。总体来说，交替次数越高试件的损伤破坏程度越严重[133]。而且水冷却交替后的试件损伤明显大于自然冷却交替后的试件。

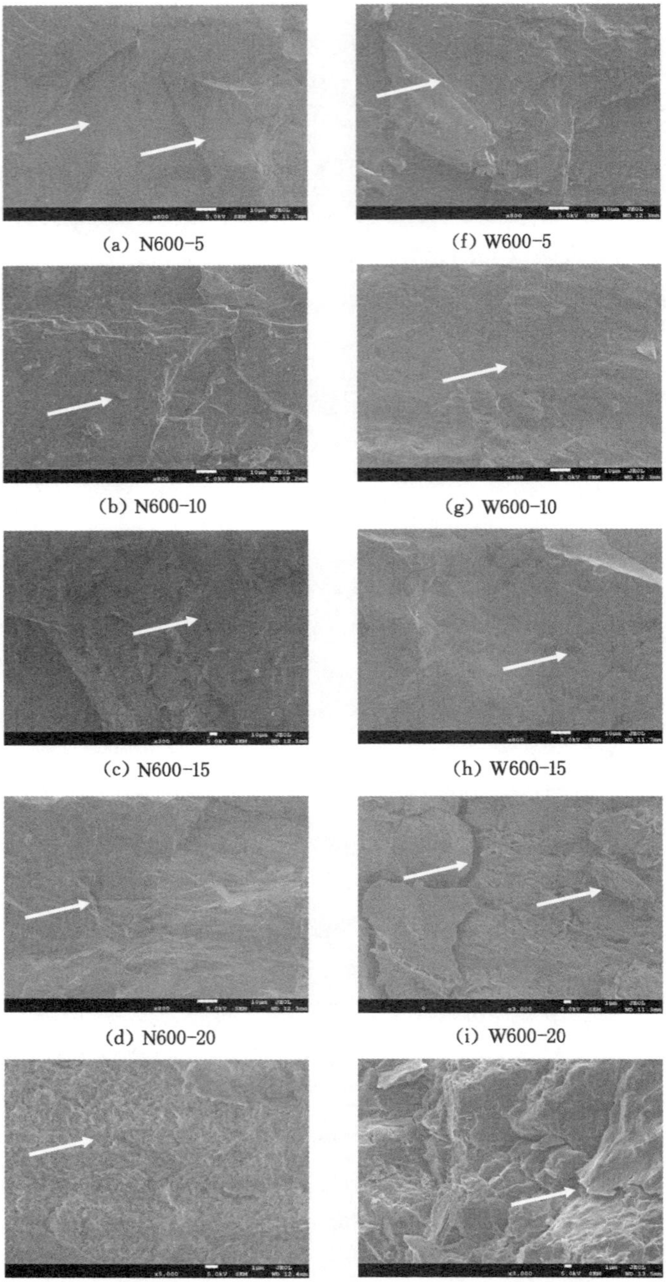

(a) N600-5　(f) W600-5

(b) N600-10　(g) W600-10

(c) N600-15　(h) W600-15

(d) N600-20　(i) W600-20

(e) N600-25　(j) W600-25

图 5-11　600 ℃冷热交替作用下花岗岩的扫描电镜图

5.4　通过显微薄片观测花岗岩在冷热交替作用后的破坏形态

受自身结构和外部环境的影响，不同温度交替作用后的岩石在细观结构上存在差异。国内外诸多学者对这个问题进行了深入的研究[134-147]，现通过显微薄片观测分析花岗岩在冷热交替作用后的破坏形态。

5.4.1　试验设备与过程

本书采用如图 5-12 所示智能立体显微镜(SMART-POL)观测不同温度的花岗岩经自然冷却和水冷却作用后的表面显微结构。该设备主要组成为：目镜；铰链式双目筒，30°倾斜；物镜；四孔可调中心转换器；0°～90°可调节偏器可移出光路，进行单偏光观察；λ/4 插片，可固定到主机上切换；360°可旋转圆形载物台，刻度格值 1°，游标格值 6′，可锁定；蓝色滤色片；起偏器等。

图 5-12　智能立体显微镜

(1) 目镜：选用的是 WF10×18 mm 十字测微目镜(0.1 mm)，主要用来将由物镜放大所得的实像再次放大。

(2) 物镜：物镜是由若干个透镜组合而成的一个透镜组。组合使用的目的是克服单个透镜的成像缺陷，提高物镜的光学质量。显微镜的放大作用主要取决于物镜，物镜质量的好坏直接影响显微镜映像质量，它是决定显微镜的分辨率和成像清晰程度的主要部件，所以对物镜的校正是很重要的。

5.4.2 不同温度单次作用后花岗岩的显微薄片分析

将不同温度的花岗岩放入常温(20 ℃)水中进行冷却，之后取出干燥后加工成显微薄片，自然冷却的试件待其自然降到室温(20 ℃)后制成显微薄片。

图 5-13 为水冷却下不同温度单次作用后花岗岩的微观变化图。由图可见，花岗岩在 20 ℃时为特别干净的无色透明状，在正交镜下可以看见一些特殊的具有文象结构的石英，黑云母的颜色为褐黑色，具有多色性，呈片状。常温状态下的花岗岩试件无明显的裂纹。100 ℃时，花岗岩出现了细小的微裂纹，200～300 ℃时出现了明显的贯穿整个试件的宏观裂纹。400 ℃时，花岗岩表面出现了比较严重的损伤，遇水膨胀但不崩解。500～600 ℃时，不仅表面出现宏观的大裂纹，同时伴有坑蚀现象。600 ℃时，经过进一步的加热，花岗岩内部的裂纹主要沿晶粒方向逐渐扩展、演化，直至试件破裂[148]。花岗岩的正长石沿解理面发生开裂，解理缝明显加宽、加粗，说明此时试件受到温度的影响，发生了一些变化，而局部严重的地方都已经变成极细小的碎裂块。然而大多数的石英破裂规律为：由石英晶粒边缘逐渐裂开，表现为典型的沿晶破裂，试件表面的颗粒变得酥脆，很容易剥落。这与 600 ℃下的扫描电镜结果相一致，600 ℃下的斜长石沿解理面及双晶纹发生分裂，可能是由于格子双晶的特性[149]。遇水作用后的

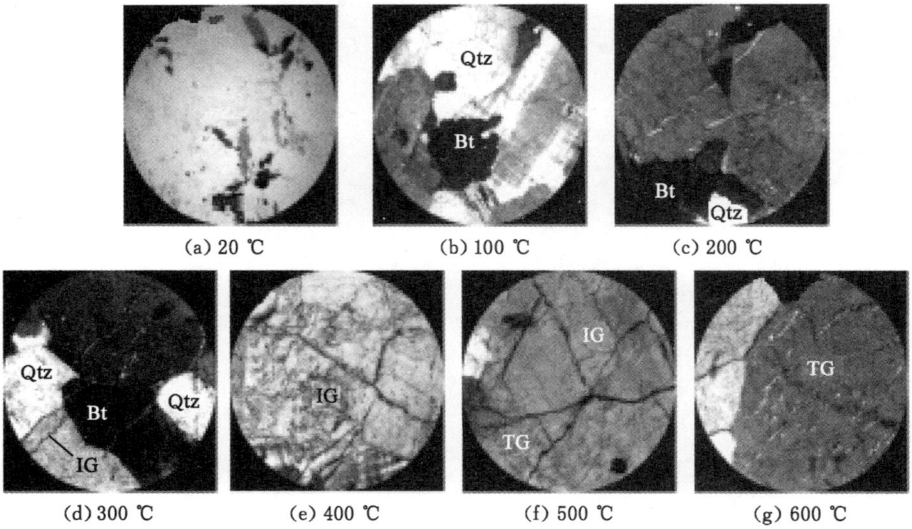

图 5-13　水冷却下不同温度单次作用后花岗岩的微观变化图

岩样结构更为松散，导致岩石强度降低，但是较为明显的孔裂隙会被岩体自身的膨胀所堵塞。

图 5-14 为自然冷却下不同温度单次作用后花岗岩的微观变化图。由图可知，不同温度花岗岩自然冷却作用后，其表面留下不同程度的损伤痕迹，花岗岩部分矿物已经发生弯曲，偶尔可见角闪石，颜色呈淡灰色与黑灰色，呈现二轴晶，片状或集合体状。当温度为 20～200 ℃时，花岗岩的表面显微结构基本没有变化；当温度为 300～600 ℃时，表面出现了微小的裂纹，且随着温度的逐渐升高裂纹逐渐扩展变多，相对水冷却条件下的花岗岩裂纹较细。从整体上看，不同温度下的花岗岩其表面损伤程度也不同，但随着温度的逐渐升高，破裂现象变得较为复杂。相对于自然冷却条件下的花岗岩，水冷却条件下的花岗岩表面损伤更加明显，尤其当温度大于 400 ℃时破裂现象尤为明显。

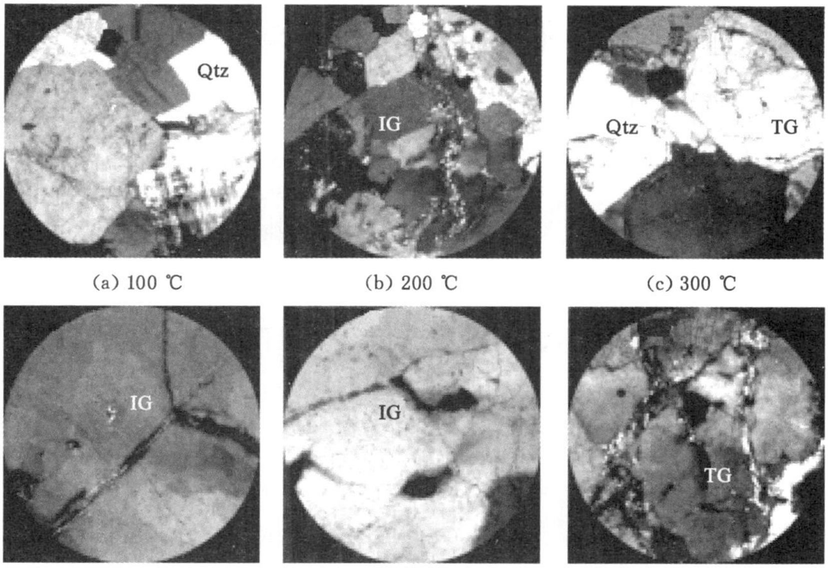

(a) 100 ℃　(b) 200 ℃　(c) 300 ℃

(d) 400 ℃　(e) 500 ℃　(f) 600 ℃

图 5-14　自然冷却下不同温度单次作用后花岗岩的微观变化图

5.4.3　冷热交替作用后花岗岩显微薄片分析

图 5-15 为 600 ℃不同交替次数时两种冷却方式下花岗岩的显微薄片图。从图中可以看出，试件随交替次数的增加裂纹数目逐渐增加，裂纹逐渐变宽，在试件表面还可以观察到细小的孔洞和裂纹，且随着交替次数的增加，水冷却下试件的损伤变化比自然冷却下试件的大。

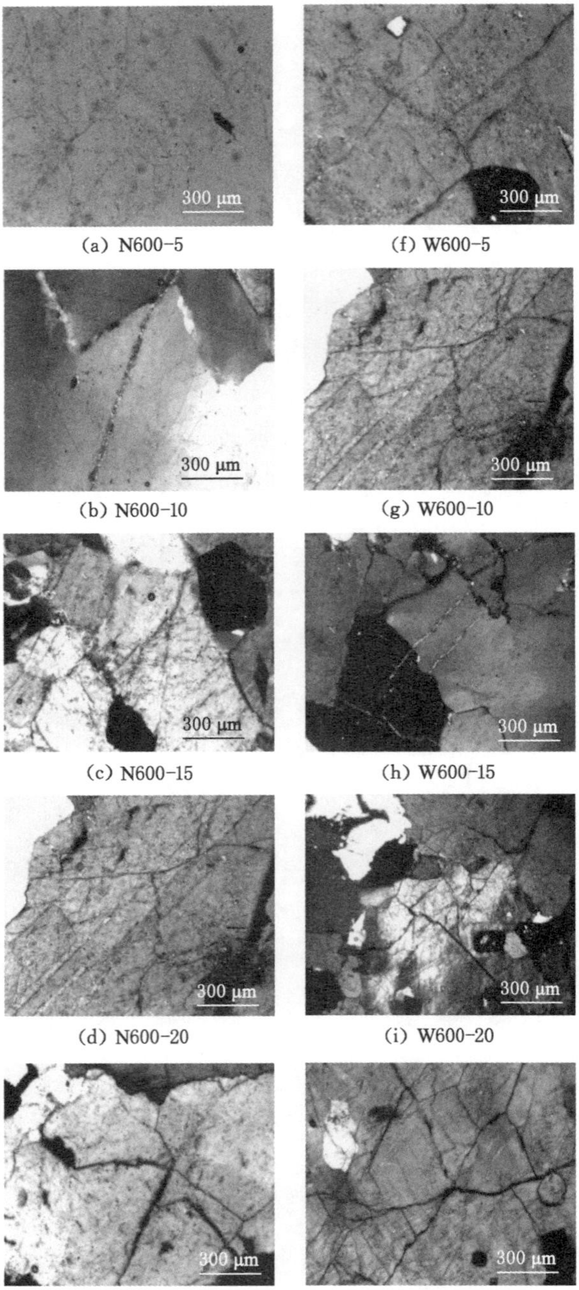

(a) N600-5　(f) W600-5

(b) N600-10　(g) W600-10

(c) N600-15　(h) W600-15

(d) N600-20　(i) W600-20

(e) N600-25　(j) W600-25

图 5-15　600 ℃不同交替次数时花岗岩的显微变化图

从图 5-15 中可以看出，当交替次数为 5 次时，两种冷却方式下试件内部含有少量的微裂纹，当交替次数达到 20 次时，试件的破裂程度较为严重，破坏形式较为复杂，既有穿晶破坏也有沿晶破坏。而岩石的破坏往往是多种因素共同作用的结果。由于试验是在冷热交替作用后进行的，这一过程对试件已经产生了不可逆的损伤[150]，同时又将试件在实时温度的作用下进行加载，在热应力的状态下岩石损伤破坏的结果更为复杂。而裂纹的持续增加是由于热处理后原生的微裂纹进一步发育成细小的裂纹，并不断扩展贯通形成大裂纹，在大裂纹上还产生了次生裂纹。裂纹的形成与扩展还与矿物颗粒的大小、尺寸以及形状等有关[89]。

为了准确评估花岗岩在实时温度作用下冷热交替损伤的弱化机理，对花岗岩实时温度破坏后的试件进行了显微薄片分析，发现矿物成分并没有发生改变，其弱化机理主要是脱水反应[151]，脱水使得花岗岩内部的微观结构发生了改变。当岩石温度为 100 ℃时，花岗岩试件内部的层间水蒸发，使得矿物颗粒产生了硬化，提高了岩石的力学性能；当岩石温度达到 200 ℃以上时，冷热交替会降低矿物颗粒之间的黏结力，导致力学性能下降；当岩石温度超过 500 ℃时，试件内部的裂纹逐渐增多，断裂面产生了较多的颗粒碎渣，使得试件表面更加破碎。在交替的过程中持续的失水反应会使花岗岩晶体结构逐渐疏松，一些矿物颗粒甚至开始破裂，颗粒与颗粒之间的黏结程度也逐渐减弱，从而导致裂隙也逐渐增加，这些都导致花岗岩内部微观结构的力学性能不可避免地降低。

5.5　本章小结

本书基于花岗岩在温度作用下及冷热交替损伤的细观试验，对比分析了花岗岩在两种冷却方式下的变化差异，得到以下结论：

(1) 通过对比不同冷却方式下的试件可以发现，在经过不同温度和交替次数的作用下，水冷却下试件的损伤程度明显要大于自然冷却下试件的损伤程度。不同温度和交替次数的双重作用使得花岗岩试件内部逐渐损伤且变化差异也较大，水冷却后试件的裂纹比自然冷却后试件的裂纹宽度和长度均要大。

(2) 在同一温度下，水冷却条件下试件的各力学参数的变化幅度均大于自然冷却条件下试件的变化幅度。通过研究还发现在两种冷却方式下花岗岩力学性质变化存在阈值温度，当温度达到或超过该阈值时，岩石的性质迅速劣化。

(3) 通过对不同温度冷热交替后花岗岩进行渗流试验，得到试件在不同围压、不同轴压及不同渗透压下的变化规律：随围压及轴压的增加，试件渗透率呈逐渐下降趋势，随着渗透压的增大渗透率呈上升趋势，并且随着温度和交替次数的增加渗透率同样呈增加趋势。

第 6 章　冷热交替作用后花岗岩孔裂隙微观演变特征重构

为了更加直观地呈现不同温度冷热交替作用后花岗岩孔裂隙的三维形态特征，本章对 CT 数据体进行三维重建，首先将 8 位的数据体文件导入软件中进行预处理，采用阈值分割方法提取样品中的孔隙、裂缝及骨架结构，然后选取能够代表材料整体特征的三维表征单元体 REV，最后将表征单元体 REV 生成网格模型，进行渗流模拟。

6.1　试验概况

6.1.1　试验设备及过程

为了更好地反映出冷热交替作用后花岗岩细观结构及其内部孔裂隙演化特征，并对其损伤状态进行更加直观的表征，对前文第 4 章所述的试件进行 CT 扫描试验。本次试验设备采用的是天津三英精密仪器股份有限公司生产的 nanoVoxel 4000 系列高功率显微 CT 试验分析系统，如图 6-1 所示。该设备主要包括 X 光机、电子扫描系统、数字平板探测器、水平移动机构及工作转台等，采用高电压开放式微焦点射线源和高灵敏度探测器，包括多种尺寸的平板探测器和光学二级放大系统，具有超大箱体空间可实现对标准试件的快速扫描。本次 CT 图像的三维扫描层数为 1 800 层×1 800 层×2 600 层，曝光时间为 0.5 s，电流为 99 μA，电压为 150 kV，像素采用的是 34 μm×34 μm。

CT 扫描技术作为一种无损检测技术，能够在保证不破坏试件结构的前提下，对试件内部的损伤与破坏进行 X 射线扫描。其主要的原理为不同物质种类和密度的样品对 X 射线的衰减系数不同。经过 CT 扫描后得到一组不同灰度的图像，图像内不同的像素点对应范围在 0～255 的灰度值，而不同灰度的像素点可以通过密度的大小来反映，颜色越暗代表密度越低，颜色越亮表示密度越高，然后利用三维数字化重建软件对 CT 数据进行可视化，直观形象地呈现不同温度冷热交替作用后花岗岩内部孔隙率、孔喉大小和方位、孔隙空间面积、骨

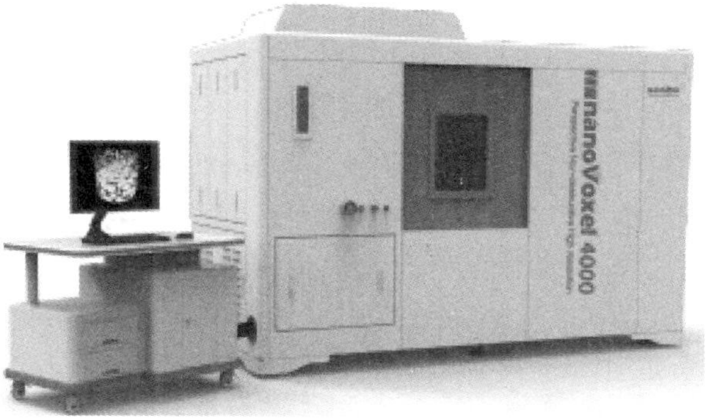

图 6-1　nanoVoxel 4000 系列高功率显微 CT 试验设备

架体积的变化，并通过数字岩心数据体表面修复和三角网格优化架起数字岩心几何模型到微观渗流模拟的桥梁，实现微观孔隙中流体渗流的数值模拟。

为了能够对比分析花岗岩冷热交替作用后内部结构的变化，本书所用的试件与前文第 4 章所述的试件相同，扫描时采用的是完整的 ϕ50 mm×100 mm 的标准试件，本章主要观察试件在冷热交替作用后孔裂隙的变化，实现对样品的微观孔裂隙结构的三维观测，具体试验过程如下：

(1) 将处理好的试件放置到工作转台上，并用封泥固定好，防止试件在旋转过程中发生偏斜。调整样品台的位置，样品台在测试的过程中发生旋转时，应保证样品与样品台的位置不变。

(2) 安装好试件之后，对相关的参数进行设置，将工作转台移动到微焦点 X 光进行调焦，调节电压、电流并找到合适的位置，以保证整个试件都在扫描的视窗中；待参数调节完毕后，开始对试件进行 360°环形切片的扫描。

(3) 扫描好之后，将试件从工作台上取出，后期利用相关的软件对其进行重构和相关的分析，最后保存好试件，以便进行其他力学及渗流试验。

6.1.2　对裂隙演变特征的三维重构

为了更加直观地呈现冷热交替作用后花岗岩孔裂隙的三维形态特征，本章主要对 CT 数据体进行三维重建，首先将 8 位的数据体文件导入软件中进行预处理，采用阈值分割方法提取样品中的孔隙、裂缝及骨架结构，然后选取能够代表材料整体特征的三维表征单元体 REV，最后将表征单元体 REV 生成网格模型，进行渗流模拟，来判断渗流方向孔裂缝的连通性。

图像重建的算法：① 直接反投影法：将所测得的投影值按其原路径反投影到投影线的各个像素上(即制定投影线上所有点的值等于所测得的投影值)，再将所有反投影数据进行叠加，从而推断出原图像。其缺点是：图像四周会出现云晕状阴影，造成影像边缘的不清晰。② 滤波反投影法：对一维投影函数作滤波处理，得到修正后的投影函数，然后再将此函数进行反投影运算，得出原始的密度函数。③ 卷积反投影法：卷积函数的选择是该法的关键。在实际的系统中选择卷积函数时还要考虑许多其他的因素，包括系统的宽带、信噪比与分辨率等。

数字岩心三维重建及数据处理流程包括滤波、二值化、分割和生成孔裂隙网络等步骤，现以编号为 W600-25 的花岗岩试件为例来阐述具体的操作过程，其中相对应的步骤如图 6-2 所示。

(1) 试件扫描完毕后拷贝相对应的数据体，并记录数据体的数据类型(8/16 位)、三个方向的维数和体素大小等，以确保打开数据体文件时，样品的颗粒及孔裂隙能够保持清晰。由图 6-2(a)中的三维切片图可以看出，样品中黑白色的矿物和孔裂隙都非常清晰，使用软件中自带的 Volume Rendering 命令可以清晰地看到试件外观的整体图 6-2(b)，试件表面已经产生了较为明显的孔裂隙，试件的完整性已经遭到了破坏。

(2) 由于计算机内存有限，将整个试件进行运算处理不现实，所以选取代表表征单元体 REV 来进行进一步的操作处理，其中 REV 是岩石相关特性趋于基本稳定时岩体的最小体积，而当岩石的体积小于 REV 时，其力学性质随体积大小改变而变化，表现出随机波动特性[152-153]。从理论上来说，选取的岩石尺寸越大，对准确表征试件的孔裂隙结构以及宏观特性的分析也越有利，但也会相应地增加计算机的运算量与存储空间，这就需要选取合理的 REV，当这个区域选取得合适时，其值会趋于稳定。由于花岗岩属于各向异性材料，通过孔隙率和密度均可以确定选取的 REV 的大小；当孔隙率和密度趋于稳定的时候，得到的就是最小 REV。本书根据多次尝试，最后选取的最小 REV 大小为 400 μm×400 μm×400 μm，如图 6-2(c)所示。

(3) 接下来对 REV 进行一系列的处理，以大大缩减数据处理的时间和增加运算效率，然后基于灰度直方图来进行阈值分割，通过调节灰度值范围来提取孔裂隙。每个体素的灰度值对应 X 射线的衰减，它随密度和孔隙率的变化而变化。基于灰度分割的孔隙来调整阈值的大小，调节的过程需要缓慢进行并观察其孔裂隙的变化过程，将能够完全反映出所有孔裂隙的阈值作为最终值。图 6-2(d)为该样品的二值化阈值分割结果图，然后基于分水岭算法，通过软件中的 Separate Objects 将孔裂缝分割出来，如图 6-2(e)所示。

(4) 为了更加直观地得到孔裂缝的连通性，对表征单元体进行渗流模拟，以试件上端进水下端出水计算得到的渗流流线如图 6-2(f)所示，可以很清楚地观察到该试件连通性较好，中部存在从上端到下端的渗流路径。

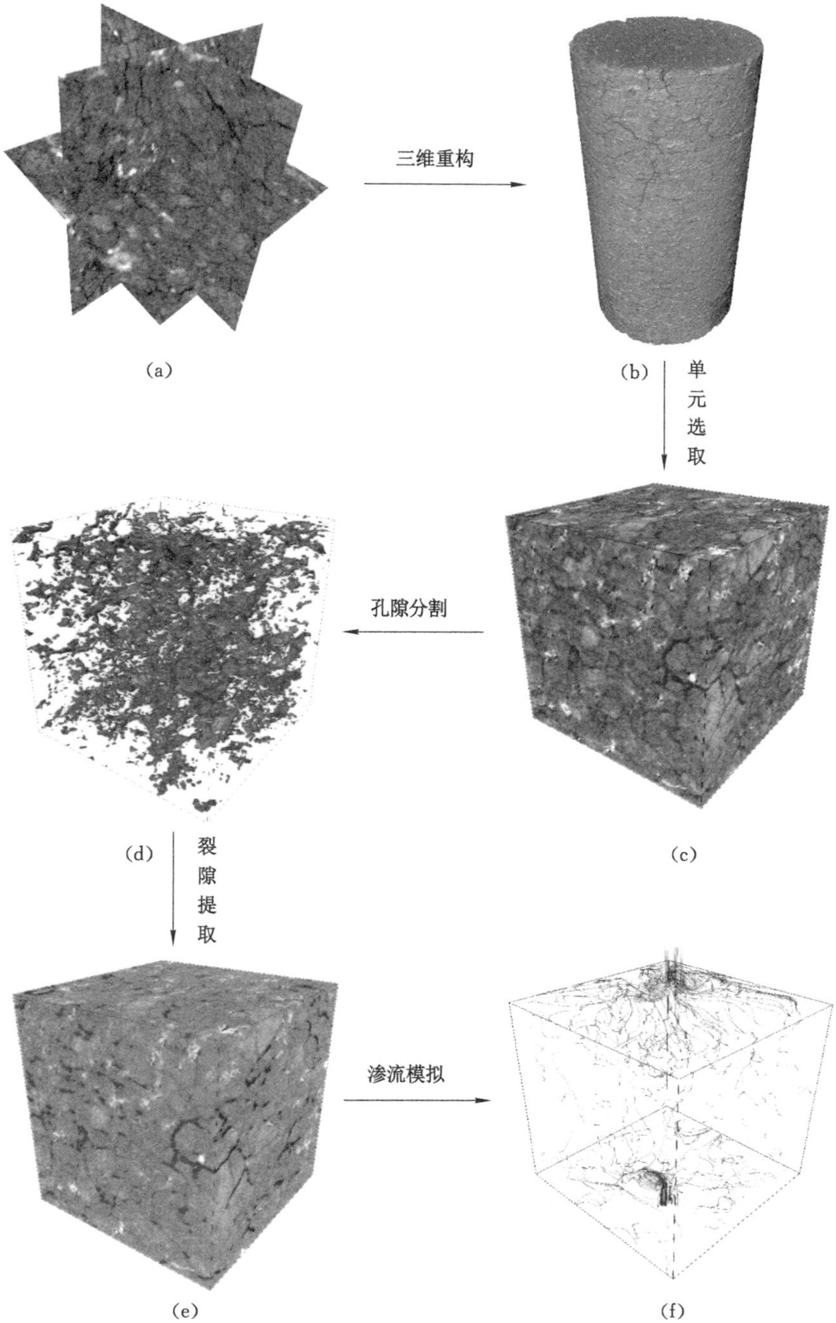

图 6-2　三维模型重建过程

6.2 数字岩心微观孔裂隙结构特征试验结果分析

6.2.1 基于CT切片分析孔裂隙的分布特征

根据以上所述的操作流程，基于得到的二维切片图来分析孔裂隙的分布及其随交替次数的演化规律，需要说明的是本节以600 ℃为例进行分析。如图6-3所示为水冷却交替作用后花岗岩的CT切片图，为了进行对比分析，同样对未经过处理的原始试件进行扫描处理。从整体来看，原始试件和经历高温水冷却试件切片图中均分布着黑白相间的斑点，其表示不同的矿物颗粒，灰黑色矿物的占比较大，为主要的钾长石等，同时少量白色的斑点为少量的黏土矿物。另外还可以看出原始试件内部结构较为致密，而经过600 ℃水冷却交替作用后的试件内部开始产生微裂纹，且随着交替次数的增加，裂纹也逐渐增多，经历15次交替的试件裂缝在边缘分布的密度明显大于在圆心分布的密度，而经历20次交替的试件裂缝布满整个切片，呈现为龟裂状，且四周破损的程度大于圆心破损的程度，可以得到裂纹主要沿着不同矿物颗粒的边缘起裂，并由试件边缘逐渐向中心扩展，这与高温花岗岩水冷却时表面首先遭水冷却冲击然后逐渐向内部传递的过程相一致。另外，随着交替次数的增加，表面裂纹逐渐增多，增加了传导通道，水分更加容易进入内部中心位置，同时内部遭遇冷却后沸腾产生的气泡更易向外扩散，导致表面疏松程度变得更为严重，最终使得颗粒脱落。

为了对上述孔裂隙演化过程进行定量分析，我们采用分形理论来描述高温交替下孔裂隙的演化规律。计盒维数作为一种测量距离空间中分形维数的方法被广泛采用，根据分形几何中计盒维数的计算原理，采用ImageJ软件对图6-3进行计算，其过程为先将图片二值化，然后采用自带的工具箱Fractal Box Count来计算出对应的盒子维数，如图6-4所示。根据相关文献[154]可知多孔介质的二维孔裂隙和固相的分形维数为1～2，而本节计算得到的分形维数在该范围内，因此本节采用二维盒计数法计算表征花岗岩孔裂隙结构的分形特征是合理可信的。另外，分形维数越大表示孔裂隙分布越复杂，分形维数的变化在一定程度上反映了岩石的损伤情况。

为了分析交替作用对岩石损伤变化的影响，以交替次数为横坐标、以分形维数为纵坐标进行分析，结果如图6-5所示。由图可见，花岗岩的分形维数主要经历了快速上升、小幅度下降、小幅度上升和缓慢下降等发展阶段，分形维数随着交替次数的增加呈上下波动的变化趋势，这间接反映了花岗岩随交替次数变化的损伤过程。在高温作用下，经历过不同交替次数后的岩石累积损伤值增

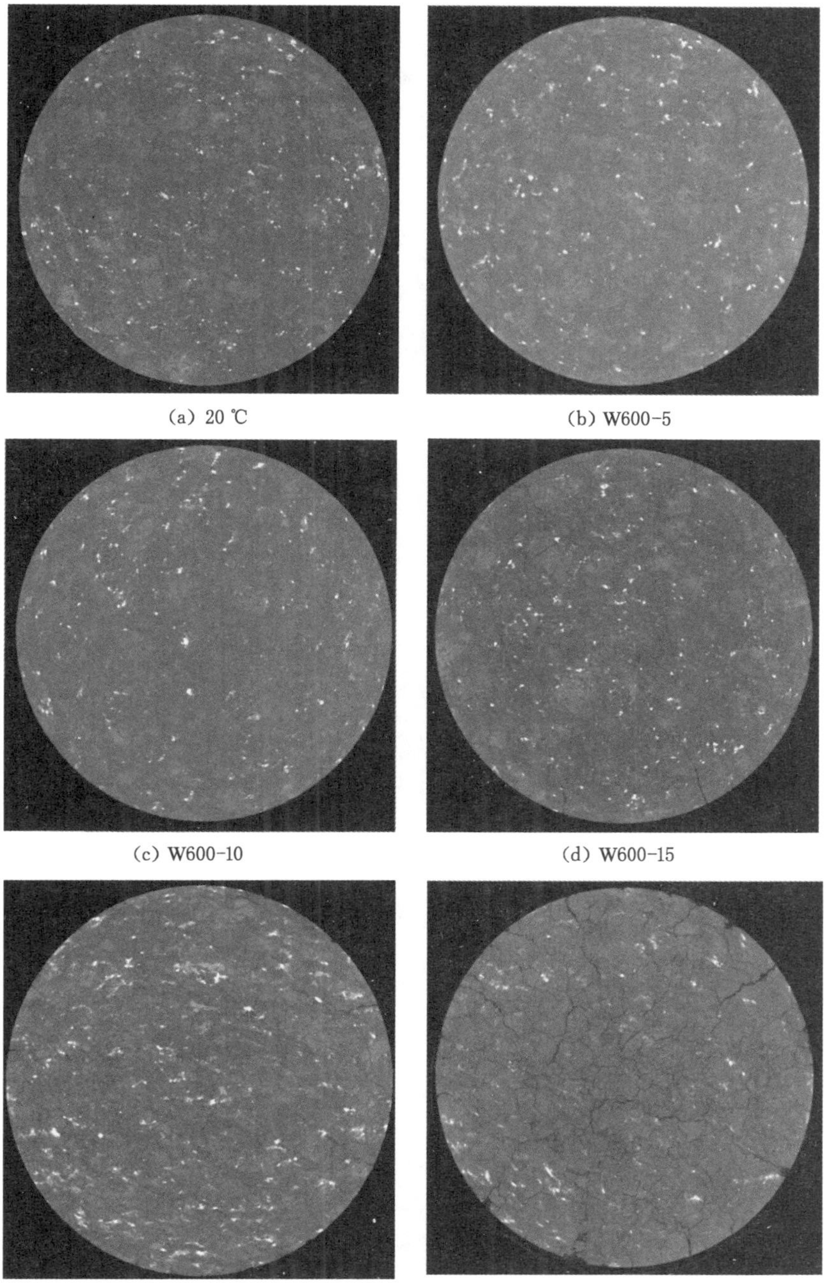

(a) 20 ℃　(b) W600-5

(c) W600-10　(d) W600-15

(e) W600-20　(f) W600-25

图 6-3　水冷却交替作用后花岗岩 CT 切片图

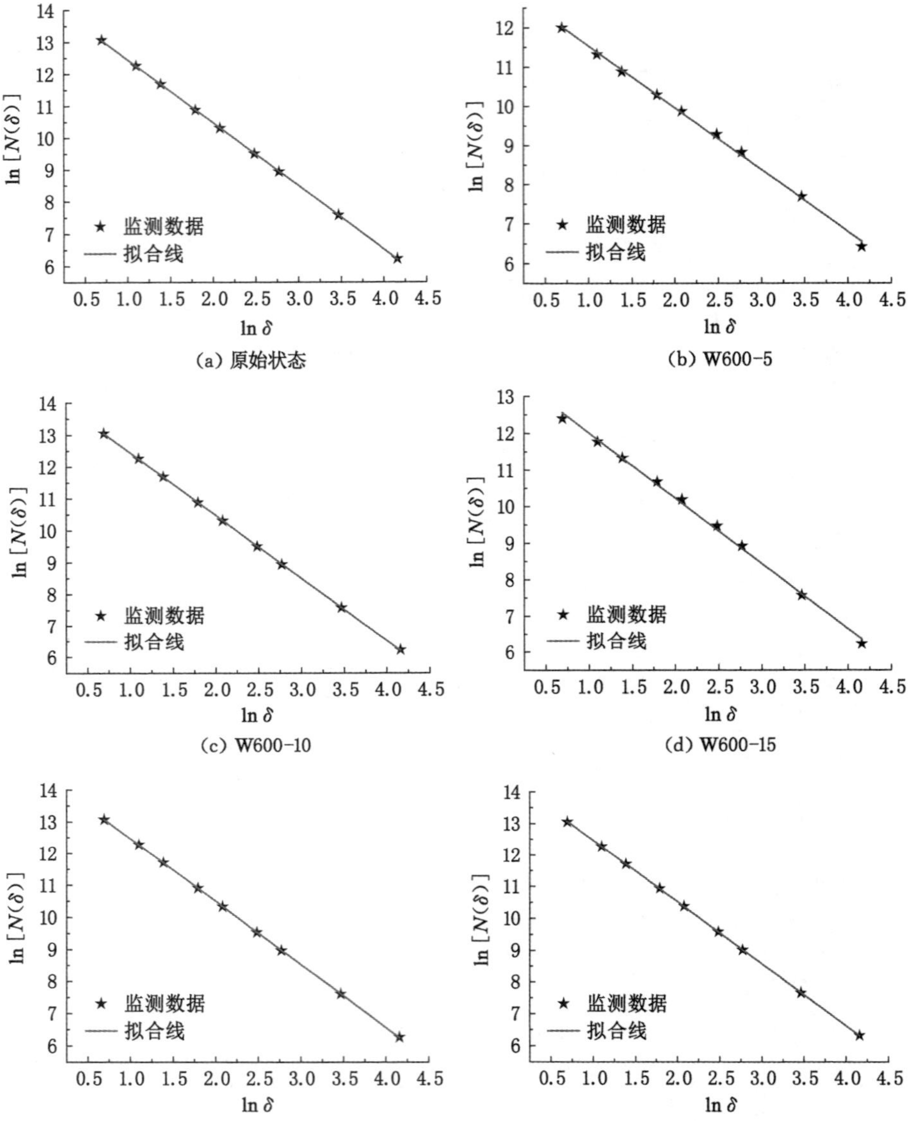

(a) 原始状态 (b) W600-5

(c) W600-10 (d) W600-15

(e) W600-20 (f) W600-25

图 6-4　二维岩石孔裂隙结构分形维数

加，初始交替时累积损伤值增幅较大，后期其增幅逐渐减小，说明交替次数对花岗岩的影响有所差别。随交替次数的增加，岩石的破碎程度也逐渐增大，受温度交替的影响也增大。

另外，从孔裂隙的变化过程也可以看出交替次数的影响明显。随着交替次

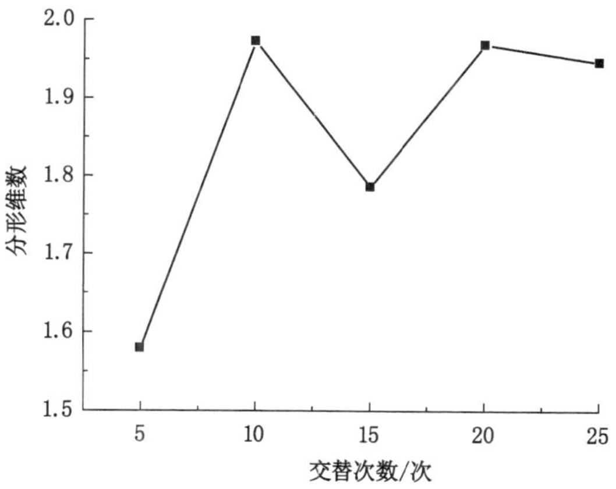

图 6-5　600 ℃下分形维数随交替次数的变化

数的不断增加，孔裂隙会逐渐增加，这样势必会对岩石的渗流产生一定的影响。而在实际的地热开采过程中，如果在对流换热时增大冷水与岩石之间的接触面积，将会导致冷水的温度逐渐增加，从而使得提取出来的水温升高，达到增加热交换的目的，为此我们可以进行开发利用。可以看出，交替作用为渗透率的增加起到了至关重要的作用，会对工程实际中热交换效率的提高产生积极的影响。

6.2.2　基于数字岩心分析孔裂隙的分布特征

上述切片图从三维角度呈现了孔裂隙的形态和分布，然而二维图像只能反映截面切片的情况。本节对上述的 CT 数据进行重建，从三维角度对数字岩心孔裂隙分布进行表征和可视化分析，得到如图 6-6 所示 600 ℃下经历不同交替次数花岗岩三维孔裂隙结构演化图。由岩石内部的孔裂隙分布可清晰地观察到冷热交替作用后花岗岩的原生孔裂隙和次生孔裂隙的发生以及扩展演化过程，这有利于对高温冷热交替花岗岩损伤失稳规律的探索。

通过三维重构图可以清楚地发现岩石内部孔裂隙的变化，可以看出随着交替次数的增加，高温花岗岩试件孔裂隙分布和占比呈现不断增加的趋势。原始状态下花岗岩孔裂隙占比较低且分布较为稀疏，而在经过 600 ℃高温冷热交替作用后试件发生热破裂，随着交替次数的增加其内部孔裂隙分布不断扩大，交替次数为 15 次/20 次时孔裂隙的分布范围远远大于交替次数为 5 次时孔裂隙的分布范围，另外其占比也在不断增加，例如当交替次数达到 25 次时孔裂隙几乎占据整个表征单元体，可以看出经过冷热交替作用后孔裂隙结

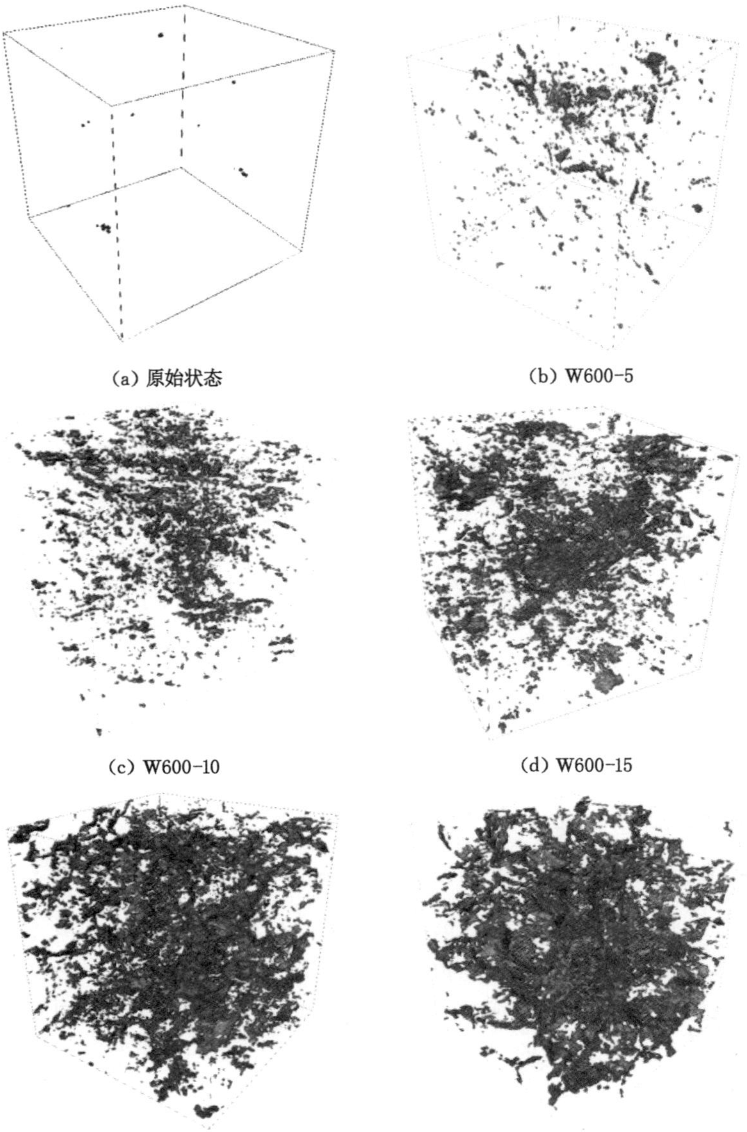

(a) 原始状态　　(b) W600-5

(c) W600-10　　(d) W600-15

(e) W600-20　　(f) W600-25

图 6-6　600 ℃下花岗岩内部孔裂隙随交替次数的演化特征

构越来越发育。为了定量呈现孔裂隙的变化规律，对提取出来的孔裂隙体积进行测量，得到不同交替次数下的孔隙率，即孔裂隙体积占总体积的比值，见表 6-1 和图 6-7。

表 6-1　花岗岩的渗透率和孔隙率随交替次数的变化

交替次数/次	渗透率/($\times 10^{-18}$ m^2)	孔隙率/%
5	1.60	1.17
10	3.90	1.31
15	6.50	1.69
20	8.58	1.89
25	12.41	2.40

从图 6-7 中可以看出交替作用后的花岗岩内部孔裂隙结构发生了改变。试件在常温(20 ℃)时孔隙率为 0.29%,其内部的孔裂隙相对较少,所以渗流通道难以形成,导致其渗透率极低,几乎没有渗透性。600 ℃下,当遇水冷热交替 5 次时,试件内部的孔隙率为 1.17%;当遇水冷热交替 10 次时,试件内部的孔隙率为 1.31%;当遇水冷热交替 15 次时,试件内部的孔隙率为 1.69%;当遇水冷热交替 20 次时,试件内部的孔隙率为 1.89%;当遇水冷热交替 25 次时,试件内部的孔隙率为2.40%。经过交替作用后,岩石内部的热量逐渐在水的冲刷作用下被带走,而岩石也逐渐在水的不断冲蚀下发生了物理化学作用,最终使得岩石内部的孔裂隙逐渐增多增大。这就为热交换提供了良好的流通通道,为地热的高效开采奠定了一定的基础。

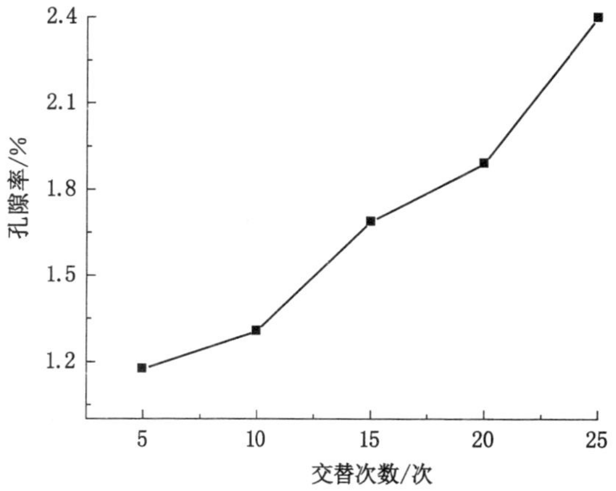

图 6-7　600 ℃下花岗岩孔隙率随交替次数的变化特征

6.2.3　基于渗流模拟分析孔裂隙的分布特征

岩石内部孔裂隙的结构特征对渗透性具有显著影响,而岩心的孔裂隙分布决定了岩石的储藏信息和渗流特征，有效的孔隙率是衡量储层储能与产能的重要指标。而岩石内部的连通孔裂隙不仅为流体介质提供了存储空间，而且还提供了流体的渗流通道。因此，利用数字岩心技术建立孔裂隙网络模型，对真实岩心孔裂隙结构进行模拟与渗流分析具有重要意义。本节首先从微观层面对孔裂隙结构进行渗流分析并研究了连通裂隙和渗流路径，对重建后花岗岩进行了 3D 图像模拟计算流场路径，以试件 Z 轴方向作为流场流入与流出的平面，然后对试件的侧面施加不透水边界条件，将试件只从 Z 轴方向进行渗流模拟，并以此计算出试件的渗透率。

孔隙网络模型是运用规则形状来描述岩石复杂孔隙空间的一种方法，目前的孔隙网络模型主要由孔隙和喉道两部分构成，孔隙代表岩石中较大的孔隙空间，而喉道代表连接孔隙的细长空间，孔隙网络模型就是运用球体、柱体等规则形状将多变的岩石孔隙空间理想化，这些球体或柱体的空间位置和集合参数选取是构建模型的关键[155]。利用 Micro-CT 建立的数字岩心得到岩心物性参数是可行的。

由图 6-8 可以看出影响孔裂隙增加的主要原因有两个：① 交替的作用。花岗岩在冷热交替的作用下不断地扩张内部的孔裂隙，逐渐加大了孔裂隙的连通程度。② 温度的作用。随着温度的逐渐升高，对试件造成的热损伤逐渐增加，由于热应力的作用试件的体积逐渐膨胀，产生了较大的扩张压力，从而进一步导致内部的孔裂隙逐渐连通。

从图 6-8 中连通孔裂隙分布及渗流路径模拟结果可以看出，花岗岩的渗透率受高温冷热交替次数的影响较为显著，随着交替次数的增加岩心内部的主要渗流通道逐渐增加，且主渗通道与大孔径孔隙分布较为吻合。如图 6-8(a)所示，常温状态下的花岗岩并没有明显的裂隙，其沿着垂直方向的渗流路径几乎没有，但随着交替次数的增加连通裂隙和渗流流线越来越多，内部连通程度大大增加，形成了良好的渗流通道。这增加了流体介质与高温岩石之间的热交换面积，促进了流体介质流通和热能传输，为现场实际的地热开采工程提供了一定的指导。

从图 6-9 可以看出：① 花岗岩在常温状态下几乎不渗透；② 随着交替次数的增加，渗透率呈上升趋势，600 ℃下冷热交替 25 次时的渗透率比冷热交替 5 次时增加了 675.63%。

通过对比 600 ℃不同交替次数下花岗岩的渗流模拟及内部孔裂隙分布特征可以看出，两者的吻合度较高，可能存在一些微小的孔裂隙无法体现，这主要是因为在渗流模拟的过程中对岩石内部微细小的孔裂隙识别度相对较弱，所以才会存在孔隙，而渗流的流线无法显示。从图中可以得到以下结论：① 高温下的花岗岩随着交替次数的增加，渗流流线逐渐增多并贯通形成多条渗流流线，

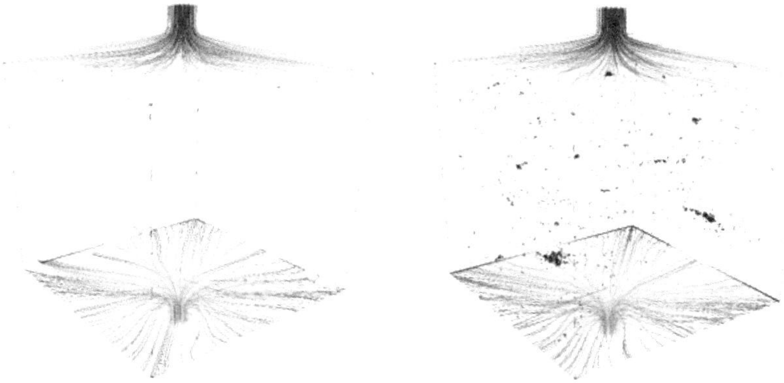

(a) 原始状态下渗流模拟及内部的孔裂隙分布特征

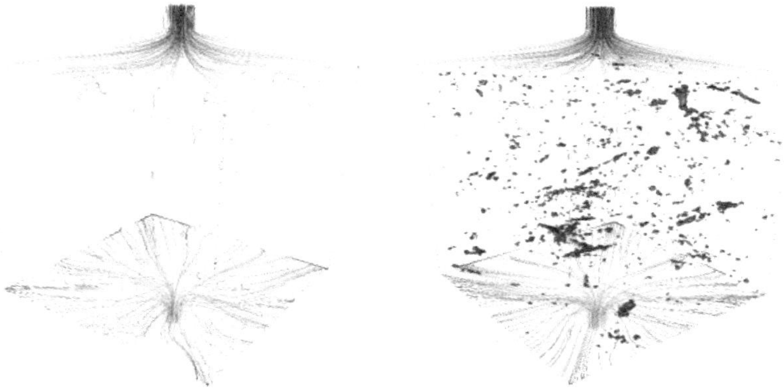

(b) W600-5渗流模拟及内部的孔裂隙分布特征

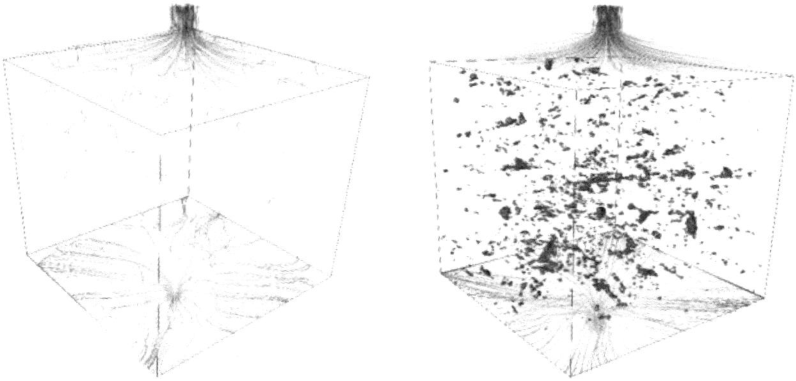

(c) W600-10渗流模拟及内部的孔裂隙分布特征

图 6-8　高温后花岗岩在不同交替次数后渗流通道的变化

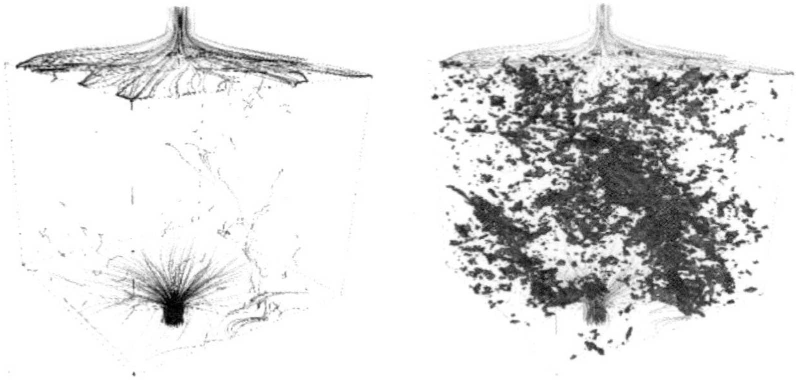

(d) W600-15渗流模拟及内部的孔裂隙分布特征

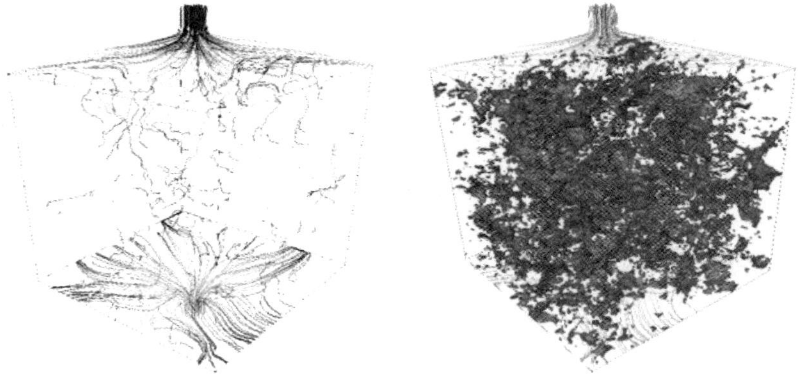

(e) W600-20渗流模拟及内部的孔裂隙分布特征

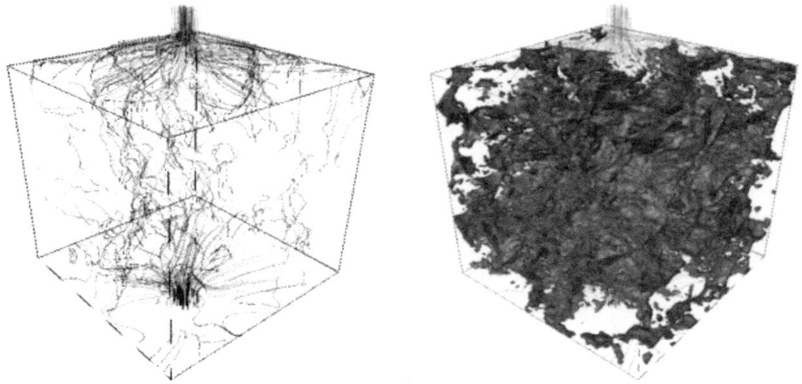

(f) W600-25渗流模拟及内部的孔裂隙分布特征

图 6-8 (续)

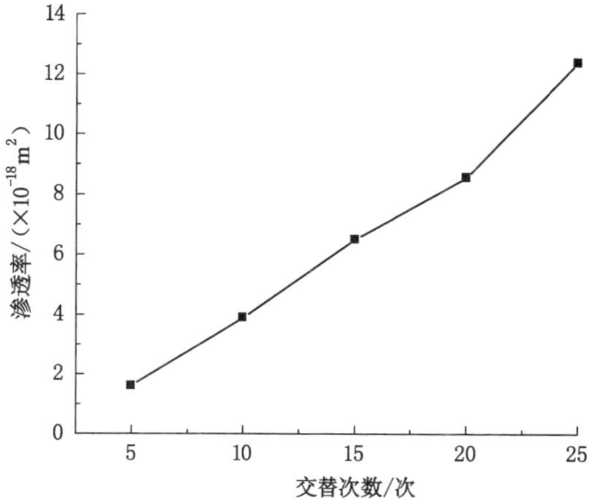

图 6-9　花岗岩渗透率随交替次数的变化特征

为工程实际中的热交换提供了一定的基础。② 花岗岩在常温状态下的渗流率极低，甚至无法渗流，试件经过多次交替作用后，虽然强度会有所降低，但是渗透率会大大增加。

6.3　基于交替损伤下干热岩人工热储层演变特征综合分析

针对干热岩地热开采过程中冷热交替作用这一实际情况，本节主要对冷热交替过程中热储层的演变特征进行综合分析。根据现场实际情况，在干热岩地热开采过程中，作为热能传递介质的水流一方面会沿着热储层的裂隙进行运移，另一方面会与围岩发生热交换，这一过程涉及温度场、渗流场和应力场的互相耦合作用。当流体沿着裂缝流动时发生热交换，围岩温度降低，温度变化会改变围岩的热应力状态，应力场的变化会导致裂缝的产生和扩展进而影响渗流场，而这三个场的变化都与围岩的破裂和裂缝的扩展存在密切的关系。因此，本节对影响花岗岩破裂的主要因素(冷热作用、力学作用和化学作用)进行综合分析，从而为现场干热岩人工热储层的改造提供有益参考。

6.3.1　冷热交替作用对花岗岩热破裂特征的影响

干热岩储层经历冷热交替作用过程中温度场不断发生变化，温度场产生的热应力对脆性岩石的破裂具有一定的影响，当热应力超过岩石的抗拉强度时就会产生热破裂现象[155]，且温度越高所产生的热应力也越大，进而所产生的拉伸破裂也越严重，但是单纯由温度场变化所引起的围岩破裂毕竟有限，这一点由自然冷却和水冷却的对比可以看出，水冷却下试件的破损程度要远大于自然冷却试件的破损程度，通过分析过程可知在水冷却的过程中发生热交换，温度会由外向内逐渐降低，首先试件表面的温度急剧降低，而此时内部的温度还处于相对较高的状态，试件会呈现出外部收缩内部膨胀的不协调状态，进而导致局部产生拉张裂纹；而当试件再次进行加热时，表面的温度又会首先升高，内部的温度缓慢升高，又表现为试件表面膨胀内部收缩的状态……试件在交替往复的作用下所产生的破裂越来越多，另外在温度场交替变化的情况下岩石内部的矿物受热变形不协调，更加剧了晶粒边界微裂纹的产生和发育，最终将会影响岩石的承载能力，使得花岗岩的脆性减弱，延性增加。

热应力导致的岩石内部损伤主要是于石英和云母之间颗粒边界处产生的裂隙，这主要是因为石英和云母矿物的热膨胀性不同所导致，随着温度以及交替次数的增加，热破裂沿颗粒边界不断扩展。通过观察不同温度处理后的试件可以看出：当温度 $T\leqslant 200$ ℃时，矿物晶粒排列紧密，可以清晰地看到黑白相间的矿物颗粒和晶粒边界。随着温度的增加，试件表面越来越粗糙，当温度 $T\geqslant 400$ ℃ 时可以明显地看到在晶粒边界所产生的微裂隙，内部孔裂隙也越来越多。但是通过对比水冷却和自然冷却可以看出单纯温度场引起的破裂对于宏观大裂隙的形成作用并不明显。水冷却下试件裂缝更加发育，两种冷却方式下温度场变化量相同但是冷却介质和冷却速率不同，由于遇水降温速率较自然冷却下的速率大(从降温时间来看，当温度为 600 ℃时，水冷却下试件降低到常温状态只需要半小时，自然冷却下的试件则需要 8 h)，在较短时间内岩石的温度迅速降低至室温，温度的变化过程越快岩石内部由温度变化所产生的破裂越多。同时在水冷却的过程中，水会浸入岩石内部的孔裂隙中，所产生的水蒸气会进一步促进孔裂隙的扩展延伸，并形成良好的换热和渗流通道。

在实际的干热岩地热开采过程中，热储层中水流沿着裂缝流动，围岩温度降低，水流温度升高，温度场随着渗流场发生变化，使得主裂缝附近产生微裂纹，而微小的次生裂缝会随着交替次数的增加而扩展延伸，在水压的作用下也可能使次小的裂缝连通，进一步增加了渗透性。但在以此往复交替的作用下，可能存在一定的风险，热储层围岩表面的颗粒碎渣可能会被水流冲刷掉，这一方面会阻塞管路通道，影响介质传输，另一方面会使水质发生改变，影响再次利用。

6.3.2 热应力对花岗岩破坏特性的影响

考虑到干热岩通常埋藏在数千米的地下，温度和应力状态对井筒及热储层的长期稳定性具有重要的影响，温度交替作用后岩石的物理力学变化可以分为两部分：一部分是热损伤后试件的表观变化，即无须借助仪器设备来观察的变化，如表观颜色的变化；另一部分是通过仪器的测量来进行力学性质的识别，如通过花岗岩波速、抗压强度、抗拉强度和峰值应变等参数的变化能够反映出花岗岩宏观物理力学性质的变化程度[123]。

冷热交替作用下温度场的变化使围岩产生微裂纹，造成初始损伤，在较低的应力水平作用下热破裂的微裂纹会逐渐闭合，表现为非线性压密阶段，且试件经受的温度越高、交替次数越多该阶段所占的比例越大。随着应力荷载的增加，裂纹在进一步压实的同时会沿闭合的裂纹面发生相对滑动，并逐渐扩展、延伸、贯通形成宏观的大裂缝导致失稳破坏，而在破坏过程中冷热交替作用后的花岗岩随温度的增加呈现出明显的脆性逐渐向延性转变的现象。随着交替次数的增加，不同温度的花岗岩其抗压强度、抗拉强度均逐渐降低，峰值应变逐渐增加，并可逐渐监测到峰后荷载曲线，同时在低温作用下冷热交替花岗岩破坏时碎片四溅并伴有巨大的声响，而高温作用下的冷热交替花岗岩破坏过程相对温和，无瞬间破坏的现象，而是呈现出颗粒间相对错动、滑移、摩擦的形式。另外，由破坏后的碎块也可以看出，温度越高、交替次数越多，破坏后试件呈现出的碎块越多且颗粒越细碎，破裂时所释放的最大能量也越来越低。

应力水平对围岩裂缝的扩展延伸具有控制作用，低应力状态会压密破裂的初始裂纹，从而抑制水流的流动，降低渗透率和热量传递，而高应力会进一步加速围岩裂纹的扩展延伸，有利于水流的流动，增加渗透率，促进热量的交换。因此，在热储层中沿着主渗通道两侧可能存在渗流边界，该边界的形状和范围与热储层的地应力大小、应力方向、围岩温度和岩石强度等密切相关，为了使该渗流传热范围最大化，应当使进出水井连线与最大主应力方向垂直。

6.3.3　组构变化对花岗岩破坏特性的影响

花岗岩主要由石英、钾长石、斜长石及云母等矿物组成，属于硅酸盐矿物，在高温冷热交替的作用下岩石内部的某些矿物会发生分解、脱水、相变、分子键断裂等反应，某些矿物晶粒发生相变并引起体积的变化[156]，这进一步加剧了花岗岩物理力学性质的改变。

花岗岩中的矿物成分在 200 ℃时开始发生热分解，并随着温度的不断升高矿物成分发生改变，当温度大于 300 ℃时，CaO 和 SiO_2 发生反应生成 $CaSiO_3$，CaO 和 Fe_2O 发生反应生成铁酸钙，CaO 和 CO_2 发生反应生成 $CaCO_3$，当温度高于 450 ℃时云母开始发生热分解，温度达到 600 ℃以上时热分解加剧，当温度达到 573 ℃时，石英由 α 相相变为 β 相，致使体积急剧膨胀，从而使试件内部的微裂隙进一步扩展和连通。

在加热的过程中，岩石内部水分的状态也会发生变化：附着水、结合水（强结合水、弱结合水）和矿物结合水（结构水、结晶水、沸石水）会在不同温度下汽化逸出（附着水在 100 ℃左右逸出，强结合水在 200～300 ℃范围内逸出，结晶水在不到 400 ℃、结构水在 400～500 ℃范围内会从岩石内部析出并汽化逸出），结构水和结晶水的丧失会导致矿物晶格骨架的破坏。随着不同赋存状态水分的丧失，岩石内部形成大量的微观缺陷，这些微观缺陷的萌生、扩展和连通导致岩石性能逐步劣化，结构逐渐损伤甚至破坏。

本节主要从细观和化学角度分析花岗岩的破坏机理，而热应力是导致岩石内部损伤的主要原因，它主要在石英和云母之间颗粒边界处产生裂隙，这是由石英和云母矿物的热膨胀性不同所导致，随着温度以及交替次数的增加，热破裂沿颗粒边界不断扩展，这与 CT 扫描后的试验结果较为吻合。

花岗岩由于化学反应生成的络合物充填于花岗岩内部的微孔隙和微裂纹中，而且矿物成分和内部结构改变较小，所以经高温作用的花岗岩在低温阶段时损伤较小，当温度较高时，损伤程度明显增加，这可能与较高温度时产生的热破裂作用有关，同时也与温度较高时岩石内部部分矿物成分发生改变有关[123]。

大部分岩体都处于与地下水的相互作用中，岩石的渗透性一般都很低，主要取决于裂隙的发育程度，可以认为其渗透性主要是通过岩体的裂隙网络实现的[156]。经过大量学者的研究，发现岩石的力学性质与渗流特性存在密切的关系，并且应力场和渗流场是同时存在的，所以在研究岩石力学性质的同时也要考虑渗流的作用。

因此，冷热交替作用对改善地热储层的渗透性质与有效提高热交换面积起到有利的影响，对于热交换面积的增加，冷热交替的变化特征起到决定性的作用。

6.4 本章小结

本章针对高温 600 ℃交替冷却作用后花岗岩进行了 CT 扫描图像建模，得到了 3D 数字岩心并进行了渗流模拟以及试件在流场里的可视化模拟，得到的主要结论如下：

(1) 观察 600 ℃交替作用后花岗岩的二维切片图可以发现，经过交替作用后，试件内部产生了微裂纹，且随着交替次数的增加，裂纹逐渐增多，其裂纹主要是沿着试件边缘较为薄弱的地方起裂并逐步扩展，裂纹的变化对岩石力学性质的影响较大。

（2）随着冷热交替次数增加，高温花岗岩试件孔裂隙分布和占比呈现不断增加的趋势。原始状态下花岗岩孔裂隙占比较低且分布较为稀疏，而在经过 600 ℃高温冷热交替作用后发生热破裂，随着交替次数的增加其内部孔裂隙分布不断扩大，交替次数为 15 次/20 次时孔裂隙的分布范围远远大于交替次数为 5 次时。

（3）通过对花岗岩 CT 扫描数据进行重建后可以看出试件在原始状态下的渗透率极低，内部几乎没有流线分布，并且内部的孔裂隙相对较少且相互之间独立存在。当处于 600 ℃高温状态下时，试件内部的孔裂隙会随着交替次数的增加而增加，且交替次数达到 25 次时，试件内部可以形成较好的渗流通道，从而导致渗透率增大。

（4）为了更好地对地热开采中热交换面积进行研究，对冷热交替作用后的花岗岩从物理力学方面和微细观方面相结合进行了研究，得到了花岗岩在高温及高交替次数下的力学性质明显要小于低温低交替次数下的力学性质的结论。高温高交替作用下形成了大量的孔裂隙，同时为渗流提供了良好的通道，增加了热交换面积，为工程实际中热交换效率的提高奠定了良好的基础。

第7章 结论与展望

7.1 主要结论

围绕干热岩井筒系统的开采过程，本书开展了不同温度冷热交替作用下花岗岩的物理力学特性及破坏后特征的试验研究工作；采用微机控制伺服压力试验机和自主研制的多功能高温岩石伺服控制三轴试验机，分别开展了20～600 ℃温度范围内两种试验：温度作用后花岗岩在不同温度冷热交替作用后的单轴压缩试验以及高温作用下花岗岩在不同温度冷热交替作用后的单轴压缩试验，之后对破坏后的试件进行宏观与微观观测（显微薄片分析和扫描电镜分析），并对破裂机理进行了分析，得到的主要结论如下：

（1）通过对不同温度和冷却方式作用后花岗岩进行物理力学性质的测试，得到了随着温度的升高，花岗岩表观颜色发生了改变，逐渐由灰白色向土黄色转变；在不同冷却方式下，纵波波速、质量、单轴抗压强度和弹性模量均随温度的升高呈下降趋势，但是水冷却下试件的变化幅度明显要大于自然冷却下试件的变化幅度。两种冷却方式下的花岗岩其峰值应变反而呈上升趋势。不同温度作用下，两种冷却方式下花岗岩的宏观破裂形态主要呈现Y形和V形，主要的破裂面是沿着轴向方向产生的剪切破裂面，约占所有试件的90%以上。

（2）通过对不同温度冷热交替作用后花岗岩进行巴西劈裂试验，可以得出：抗拉强度随着温度和交替次数的增加呈降低趋势。花岗岩巴西劈裂后的破坏模式主要分为低温阶段的张拉劈裂破坏和高温阶段的剪切拉伸破坏。随着温度和交替次数的不断增加，劈裂破坏模式更加复杂；高温阶段（500～700 ℃）下试件的劈裂方向发生了一定的改变，试件破裂线逐渐变得弯曲复杂，还产生了分叉裂纹；并且当温度达到600 ℃和700 ℃时，试件破坏时产生了颗粒碎渣，使得破裂面不能够完全重合。当温度达到400 ℃时，试件的荷载-时间曲线呈渐进破坏的趋势，这主要是因为岩石的强度大大降低，试件由脆性向延性转化，且水冷却后试件的强度明显低于自然冷却后试件的强度。

（3）随着温度的升高以及交替次数的增加，两种冷却方式下试件的单轴抗压强度、纵波波速和弹性模量均呈降低趋势，但是其降低幅度有所不同，随温度的变化幅度大于随交替次数的变化幅度。当温度为 200 ℃左右时，水冷却状态下，尽管其强度也是随着交替次数的增加而降低，但当交替次数小于 10 次时，其强度高于自然状态下的强度。水冷却下试件的损伤程度明显要大于自然冷却下试件的损伤程度，对应的峰值应变也是如此。两种冷却方式下试件的破坏模式以劈裂、剪切破坏为主。随着温度的升高，试件破坏时，碎块及碎渣增多，脆性度降低，两种冷却方式下的破坏模式并没有规律可循。

(4) 两种冷却方式下的花岗岩由于受温度的影响，其表观颜色由灰白色逐渐向土黄色转变，经过一定交替次数后试件的表观颜色逐渐变浅，质量与纵波波速均随着温度的升高而减小，试件损伤程度随着温度的升高而增大，尤其当温度为 500 ℃以上时，水冷却下的花岗岩在经过多次交替之后表面较破碎，并且会有颗粒剥落的现象，此时试件的力学强度将会大大降低。从微观角度可以看出花岗岩内部的裂纹会随着温度的升高而逐渐增多，同时试件也表现为脆性逐渐减弱而延性逐渐增强的变化过程，这也充分证明了温度对岩石具有一定的影响。

(5) 随着温度交替次数的不断增加，两种冷却作用下花岗岩所对应的抗拉强度均逐渐降低，水冷却交替作用后花岗岩的抗拉强度要低于自然冷却状态下花岗岩的抗拉强度，且花岗岩在高温高交替次数下的劣化程度较为明显。从整体上看，随着交替次数的增加，试件呈现出越来越破碎的形态，尤其当温度在 400 ℃以上时，试件的荷载-时间曲线呈渐进破坏，这主要是因为岩石的强度大大降低，试件由脆性向延性转化，且水冷却后的强度明显低于自然冷却后的强度，其试件的破裂现象较为明显，基本失去了承载能力。

(6) 交替次数、降温方式对试件损伤过程及微破裂的影响主要体现在冷热交替过程中，不均匀的变形导致微裂隙的产生和发展；同一温度作用下，交替次数越多，微破裂越严重，强度降低的幅度越大，水冷却相对于自然冷却产生的温度梯度大，不均匀的变形较严重，在自然冷却降温过程中微裂隙的增加主要体现在升温阶段，而对于水冷却，升温过程中会产生失水干缩引发的破裂，冷却时速度较快，试件内外温度梯度较大，不均匀矿物组分产生不均匀的冷缩变形，导致矿物颗粒间开裂、连通，产生微裂隙，相对于升温过程，降温过程产生的微破裂更为严重。

(7) 在高温以及常温两种状态下的花岗岩，随着温度的升高和交替次数的增加，其在两种冷却方式下的单轴抗压强度、纵波波速和弹性模量均呈降低趋势，但是其降低幅度有所不同，试件随温度的变化幅度大于随交替次数的变化幅度。同一温度下，水冷却的试件随交替次数的增加其单轴抗压强度下降趋势较自然冷却下试件的下降趋势要快，水冷却下试件的损伤程度明显要大于自然冷却下试件的损伤程度。两种条件下试件的破坏模式以劈裂、剪切破坏为主。随着温度的升高，试件破坏时，碎块及碎渣也相应增多，脆性度逐渐降低。

（8）通过花岗岩细观试验研究得出，随温度和交替次数的增加，花岗岩渗透率会升高，而渗透压的变化反而会增加。温度越高，渗透率越大，可以说明随着温度的升高内部的孔裂隙逐渐增加。同时由显微薄片也可以看出试件随温度及交替次数的增加，裂纹的宽度及破裂程度明显增大。

（9）通过对冷热交替作用后的花岗岩进行 CT 扫描可以得出，随着交替次数的增加，岩石内部的孔裂隙呈增加趋势，孔隙率和渗透率均呈上升趋势；而由二维切片图可以看出，岩石内部的孔裂隙同样呈增加趋势，且裂纹首先由外部的表面开始破裂并逐渐延伸至内部，最终形成贯通的裂纹，这为渗流模拟提供了良好的基础。

7.2 不足与展望

干热岩的开发是一个冷热不断交替变化的过程，同时也是大多数学者研究的重点，由于开采条件限制与成本投入较大，现如今的研究大多集中在基础性的研究上。本书主要集中研究试验方面，理论方面还有待完善。基于现如今的研究和本书存在的不足，接下来有需要继续完成的工作。

（1）实时加载作用下的试验主要存在两点不足之处：一是实时加载受温度的影响未能结合声发射系统，由于声发射探头无法紧密接触到试件，并且探头是较容易损坏的部件，所以在进行实时加载时只进行了单轴压缩试验；二是该设备还不能实现实时温度作用下的加载试验，只能对温度交替作用后的试件进行实时加载。下一步工作需要结合一些其他的监测手段进行。

（2）本书研究中前期的准备工作量较大，不同冷热交替次数达到了 25 次，虽然高温水冷却下的花岗岩试件在交替的过程中已经遭到严重破坏，但自然冷却交替作用下的试件还未达到使其极限破坏的次数，所以还有待于进一步的研究。

（3）本书只考虑了两种冷却方式对花岗岩在不同温度交替作用后的影响，并没有具体考虑冷却速率对力学性质变化的影响，也有待于进一步的研究。

参考文献

[1] 张杨. 干热岩形成机理及开发潜力研究:以松辽盆地为例[D]. 西安:长安大学,2016.

[2] 曾义金. 干热岩热能开发技术进展与思考[J]. 石油钻探技术,2015,43(2):1-7.

[3] 毛翔,国殿斌,罗璐,等. 世界干热岩地热资源开发进展与地质背景分析[J]. 地质论评,2019,65(6):1462-1472.

[4] 马鹏鹏. 干热岩勘探开发技术现状和发展[J]. 中国石油和化工标准与质量,2019,39(11):221-222.

[5] 李德威,王焰新. 干热岩地热能研究与开发的若干重大问题[J]. 地球科学,2015,40(11):1858-1869.

[6] 刘伟莉,马庆涛,付怀刚. 干热岩地热开发钻井技术难点与对策[J]. 石油机械,2015,43(8):11-15.

[7] RAO M V M S,RAMANA Y V. A study of progressive failure of rock under cyclic loading by ultrasonic and AE monitoring techniques[J]. Rockmechanics and rock engineering,1992,25(4):237-251.

[8] 陈梓慧,郑克棪,姜建军. 试论我国干热岩地热资源开发战略[J]. 水文地质工程地质,2015,42(3):161-166.

[9] 周总瑛,刘世良,刘金侠. 中国地热资源特点与发展对策[J]. 自然资源学报,2015,30(7):1210-1221.

[10] 甘浩男,王贵玲,蔺文静,等. 中国干热岩资源主要赋存类型与成因模式[J]. 科技导报,2015,33(19):22-27.

[11] 王贵玲,张薇,梁继运,等. 中国地热资源潜力评价[J]. 地球学报,2017,38(4):449-459.

[12] 冯子军,赵阳升,张渊,等. 热破裂花岗岩渗透率变化的临界温度[J]. 煤炭学报,2014,39(10):1987-1992.

[13] 姜广辉. 高温处理后岩石内部结构演化及波速渗透率关系研究[D]. 北京:中国矿业大学(北京),2018.

[14] ZHANG W,QU Z Q,GUO T K,et al. Study of the enhanced geothermal system (EGS) heat mining from variably fractured hot dry rock under thermal stress[J]. Renewable energy,2019,143:855-871.

[15] 高俊义. 地热温度和生产井深度对岩体水流-传热温度影响机理研究[J]. 地球物理学进展,2020(5):1659-1664.

[16] ZHANG Y L, ZHAO G F. A global review of deep geothermal energy exploration:from a view of rock mechanics and engineering[J]. Geomechanics and geophysics for geo-energy and geo-resources,2019,6(1):4.

[17] 宋健,唐春安,亢方超. 深部矿产与地热资源协同开采模式[J]. 金属矿山,2020(5):124-131.

[18] MA Y Y,LI S B,ZHANG L G,et al. Study on the effect of well layout schemes and fracture parameters on the heat extraction performance of enhanced geothermal system in fractured reservoir[J]. Energy,2020,202:117811.

[19] 张卫强. 岩石热损伤微观机制与宏观物理力学性质演变特征研究:以典型岩石为例[D]. 徐州:中国矿业大学,2017.

[20] CHEN Y,MA G W,WANG H D,et al. Optimizing heat mining strategies in a fractured geothermal reservoir considering fracture deformation effects[J]. Renewable energy,2020,148:326-337.

[21] 杜守继,马明,陈浩华,等. 花岗岩经历不同高温后纵波波速分析[J]. 岩石力学与工程学报,2003,22(11):1803-1806.

[22] DWIVEDI R D,GOEL R K,PRASAD V V R,et al. Thermo-mechanical properties of Indian and other granites[J]. International journal of rock mechanics and mining sciences,2008,45(3):303-315.

[23] YANG S Q, RANJITH P G, JING H W, et al. An experimental investigation on thermal damage and failure mechanical behavior of granite after exposure to different high temperature treatments[J]. Geothermics,2017,65:180-197.

[24] GUO L L,ZHANG Y B,ZHANG Y J,et al. Experimental investigation of granite properties under different temperatures and pressures and numerical analysis of damage effect in enhanced geothermal system[J]. Renewable energy,2018,126:107-125.

[25] KUMARI W G P, RANJITH P G, PERERA M S A, et al. Mechanical behaviour of Australian Strathbogie granite under in situ stress and

temperature conditions: an application to geothermal energy extraction[J]. Geothermics,2017,65:44-59.

[26] YIN T B,SHU R H,LI X B,et al. Comparison of mechanical properties in high temperature and thermal treatment granite[J]. Transactions of nonferrous metals society of China,2016,26(7):1926-1937.

[27] SHAO S S,WASANTHA P L P,RANJITH P G,et al. Effect of cooling rate on the mechanical behavior of heated Strathbogie granite with different grain sizes[J]. International journal of rock mechanics and mining sciences,2014,70:381-387.

[28] CHEN Y L,NI J,SHAO W,et al. Experimental study on the influence of temperature on the mechanical properties of granite under uni-axial compression and fatigue loading[J]. International journal of rock mechanics and mining sciences,2012,56:62-66.

[29] 蒋海昆,张流,周永胜. 不同温度条件下花岗岩变形破坏及声发射时序特征[J]. 地震,2000,20(3):87-94.

[30] 徐小丽,高峰,张志镇. 高温作用后花岗岩三轴压缩试验研究[J]. 岩土力学,2014,35(11):3177-3183.

[31] 徐小丽,高峰,张志镇,等. 实时高温下加载速率对花岗岩力学特性影响的试验研究[J]. 岩土力学,2015,36(8):2184-2192.

[32] 杨昊天,徐进,王璐,等. 花岗岩力学特性温度效应的试验研究[J]. 地下空间与工程学报,2013,9(1):96-101.

[33] 赵阳升,郤保平,万志军,等. 高温高压下花岗岩中钻孔变形失稳临界条件研究[J]. 岩石力学与工程学报,2009,28(5):865-874.

[34] 万志军,赵阳升,董付科,等. 高温及三轴应力下花岗岩体力学特性的实验研究[J]. 岩石力学与工程学报,2008,27(1):72-77.

[35] 王鸿,许江,李树春,等. 不同水饱和度下岩石滞回曲线演化的实验研究[J]. 矿业研究与开发,2007,27(3):18-21.

[36] 李成杰,徐颖,冯明明,等. 单轴荷载下类煤岩组合体变形规律及破坏机理[J]. 煤炭学报,2020,45(5):1773-1782.

[37] 夏才初,周舒威,胡永生,等. 循环单轴应力和循环温度作用下玄武岩力学性质初探[J]. 岩土工程学报,2015,37(6):1016-1024.

[38] 胡广,赵其华,何云松,等. 循环荷载作用下斜长花岗岩弹性模量演化规律[J]. 工程地质学报,2016,24(5):881-890.

[39] 许江,鲜学福,王鸿,等. 循环加、卸载条件下岩石类材料变形特性的实验研

究[J].岩石力学与工程学报,2006,25(增刊1):3040-3045.
[40] 王建国,杨阳,郭延辉,等.高应变率下饱水花岗岩动力学特性的低温效应[J].岩土力学,2017,38(增刊2):163-169.
[41] 郤保平,赵金昌,赵阳升,等.高温岩体地热钻井施工关键技术研究[J].岩石力学与工程学报,2011,30(11):2234-2243.
[42] 周安朝,赵阳升,郭进京,等.西藏羊八井地区高温岩体地热开采方案研究[J].岩石力学与工程学报,2010,29(增刊2):4089-4095.
[43] 郭进京,周安朝,赵阳升.高温岩体地热资源特征与开发问题探讨[J].天津城市建设学院学报,2010,16(2):77-84.
[44] 郤保平,赵阳升,张昌锁,等.高温高压下花岗岩中钻孔变形规律实验研究[J].岩土工程学报,2010,32(2):253-258.
[45] 冯增朝,赵阳升.高温岩体地热开采中出力与寿命的数值模拟研究[C]//中国科学技术协会,重庆市人民政府.自主创新与持续增长第十一届中国科协年会论文集(1).[出版地不详:出版者不详],2009:517-523.
[46] 万志军,赵阳升.高温岩体地热开发的国际动态及其在中国的开发前景[C]//中国资源综合利用协会.第三届中国国际环保、能源和资源综合利用博览会、2008'中国节能减排与资源综合利用论坛、地热能开发利用分论坛暨热泵技术应用交流会论文集.[出版地不详:出版者不详],2008:109-117.
[47] 万志军,赵阳升,康建荣.高温岩体地热资源模拟与预测方法[J].岩石力学与工程学报,2005,24(6):945-949.
[48] 万志军,赵阳升,康建荣,等.高温岩体地热开发的国际动态及其在中国的开发前景[C]//中国岩石力学与工程学会.西部大开发中的岩石力学与工程问题:第八次全国岩石力学与工程学术大会论文集.北京:科学出版社,2004:304-309.
[49] 赵阳升.高温岩体地热开发的岩石力学问题:21世纪新兴岩石力学与工程发展展望[C]//中国岩石力学与工程学会.新世纪岩石力学与工程的开拓和发展:中国岩石力学与工程学会第六次学术大会论文集.北京:中国科学技术出版社,2000:71-74.
[50] 朱合华,闫治国,邓涛,等.3种岩石高温后力学性质的试验研究[J].岩石力学与工程学报,2006,25(10):1945-1950.
[51] 王朋,陈有亮,周雪莲,等.水中快速冷却对花岗岩高温残余力学性能的影响[J].水资源与水工程学报,2013,24(3):54-57,63.
[52] 许锡昌,刘泉声.高温下花岗岩基本力学性质初步研究[J].岩土工程学报,

2000,22(3):332-335.
[53] 朱栋,宗义江,张修峰.花岗岩循环加热水冷却后力学特征试验研究[J].矿业研究与开发,2020,40(5):113-118.
[54] 杜彬.酸性环境干湿循环作用下红砂岩动态力学特性研究[D].徐州:中国矿业大学,2019.
[55] 赵国凯,胡耀青,靳佩桦,等.实时温度与循环载荷作用下花岗岩单轴力学特性实验研究[J].岩石力学与工程学报,2019,38(5):927-937.
[56] 胡跃飞,胡耀青,赵国凯,等.温度和应力循环作用下花岗岩力学特性变化规律试验研究[J].岩石力学与工程学报,2020,39(4):705-714.
[57] 倪骁慧,李晓娟,朱珍德.不同温度循环作用后大理岩细观损伤特征的定量研究[J].煤炭学报,2011,36(2):248-254.
[58] ZHU Z N,TIAN H,JIANG G S,et al. Effects of high temperature on the mechanical properties of Chinese marble[J]. Rock mechanics and rock engineering,2018,51(6):1937-1942.
[59] ZHANG F, ZHAO J J, HU D W, et al. Laboratory investigation on physical and mechanical properties of granite after heating and water-cooling treatment[J]. Rock mechanics and rock engineering,2018,51(3):677-694.
[60] WANG Z L,HE A L,SHI G Y,et al. Temperature effect on AE energy characteristics and damage mechanical behaviors of granite [J]. International journal of geomechanics,2018,18(3):04017163.
[61] WANG Z L,YAO J K,TIAN N C,et al. Mechanical behavior and damage evolution for granite subjected to cyclic loading[J]. Advances in materials science and engineering,2018,2018(1):4312494.
[62] TIAN W L, YANG S Q, HUANG Y H. Macro and micro mechanics behavior of granite after heat treatment by cluster model in particle flow code[J]. Acta mechanica sinica,2018,34(1):175-186.
[63] 靳佩桦,胡耀青,邵继喜,等.急剧冷却后花岗岩物理力学及渗透性质试验研究[J].岩石力学与工程学报,2018,37(11):2556-2564.
[64] 陆川,王贵玲.干热岩研究现状与展望[J].科技导报,2015,33(19):13-21.
[65] 许天福,袁益龙,姜振蛟,等.干热岩资源和增强型地热工程:国际经验和我国展望[J].吉林大学学报(地球科学版),2016,46(4):1139-1152.
[66] 程志林,隋微波,宁正福,等.数字岩芯微观结构特征及其对岩石力学性能的影响研究[J].岩石力学与工程学报,2018,37(2):449-460.

[67] 陶明,汪军,李占文,等.冲击荷载下花岗岩层裂断口细-微观试验研究[J].岩石力学与工程学报,2019,38(11):2172-2181.

[68] ZUO J P,WANG J T,SUN Y J,et al. Effects of thermal treatment on fracture characteristics of granite from Beishan, a possible high-level radioactive waste disposal site in China [J]. Engineering fracture mechanics,2017,182:425-437.

[69] 苏金明,王永利. MATLAB 7.0 实用指南:上册[M].北京:电子工业出版社,2004.

[70] 杨振琦,王述红,孟嫣然,等.基于 CT 扫描的花岗岩三维数值试件重构模型及应用[J].固体力学学报,2017,38(6):591-600.

[71] 于庆磊,杨天鸿,唐世斌,等.基于 CT 的准脆性材料三维结构重建及应用研究[J].工程力学,2015,32(11):51-62,114.

[72] HUANG W B,CAO W J,JIANG F M. A novel single-well geothermal system for hot dry rock geothermal energy exploitation[J]. Energy,2018,162:630-644.

[73] 赵阳升,万志军,张渊,等. 20 MN 伺服控制高温高压岩体三轴试验机的研制[J].岩石力学与工程学报,2008,27(1):1-8.

[74] 赵阳升,孟巧荣,康天合,等.显微 CT 试验技术与花岗岩热破裂特征的细观研究[J].岩石力学与工程学报,2008,27(1):28-34.

[75] 高红梅.高温作用下岩石渗透规律的研究[D].阜新:辽宁工程技术大学,2004.

[76] 闫治国,朱合华,邓涛,等.三种岩石高温后纵波波速特性的试验研究[J].岩土工程学报,2006,28(11):2010-2014.

[77] 苏晓波,纪洪广,权道路,等.巴西劈裂条件下似斑状花岗岩试件力学及声发射特征[J].金属矿山,2019(8):22-26.

[78] 闵明,张强,蒋斌松,等.实时高温下北山花岗岩劈裂试验及声发射特性[J].长江科学院院报,2020,37(3):108-113.

[79] KUMARI W G P, BEAUMONT D M, RANJITH P G, et al. An experimental study on tensile characteristics of granite rocks exposed to different high-temperature treatments[J]. Geomechanics and geophysics for geo-energy and geo-resources,2019,5(1):47-64.

[80] 支乐鹏,许金余,刘志群,等.高温后花岗岩巴西劈裂抗拉实验及超声特性研究[J].岩土力学,2012,33(增刊 1):61-66.

[81] 梁铭,张绍和,舒彪.不同冷却方式对高温花岗岩巴西劈裂特性的影响[J].

水资源与水工程学报,2018,29(2):186-193.
[82] WU Q H, WENG L, ZHAO Y L, et al. On the tensile mechanical characteristics of fine-grained granite after heating/cooling treatments with different cooling rates[J]. Engineering geology,2019,253:94-110.
[83] ZHAO Z H, LIU Z N, PU H, et al. Effect of thermal treatment on Brazilian tensile strength of granites with different grain size distributions[J]. Rock mechanics and rock engineering, 2018, 51(4): 1293-1303.
[84] 衡帅,刘晓,李贤忠,等.张拉作用下页岩裂缝扩展演化机制研究[J].岩石力学与工程学报,2019,38(10):2031-2044.
[85] 杜梦萍,潘鹏志,纪维伟,等.炭质页岩巴西劈裂载荷下破坏过程的时空特征研究[J].岩土力学,2016,37(12):3437-3446.
[86] 赵娜,王来贵,习彦会.巴西圆盘泥岩试件裂纹扩展及应变演化实验研究[J].实验力学,2015,30(6):791-796.
[87] YANG S Q,RANJITH P G,HUANG Y H,et al. Experimental investigation on mechanical damage characteristics of sandstone under triaxial cyclic loading[J]. Geophysical journal international,2015,201(2):662-682.
[88] KONSTANTIONS S, STERGINI K, DIMITRIOS P, et al. Suggested methods for determining tensile strength of rock materials [J]. International journal of rock mechanics and mining sciences & geomechanics abstracts,1978,15(3):99-103.
[89] BROTÓNS V,TOMÁS R,IVORRA S,et al. Temperature influence on the physical and mechanical properties of a porous rock: San Julian's calcarenite[J]. Engineering geology,2013,167:117-127.
[90] RATHNAWEERA T D, RANJITH P G, GU X, et al. Experimental investigation of thermomechanical behaviour of clay-rich sandstone at extreme temperatures followed by cooling treatments[J]. International journal of rock mechanics and mining sciences,2018,107:208-223.
[91] SUN H,SUN Q,DENG W N,et al. Temperature effect on microstructure and P-wave propagation in Linyi sandstone [J]. Applied thermal engineering,2017,115:913-922.
[92] YAO M D,RONG G,ZHOU C B,et al. Effects of thermal damage and confining pressure on the mechanical properties of coarse marble[J]. Rock mechanics and rock engineering,2016,49(6):2043-2054.

[93] 杜守继，刘华，职洪涛，等. 高温后花岗岩力学性能的试验研究[J]. 岩石力学与工程学报，2004，23(14)：2359-2364.
[94] 张志镇，高峰，徐小丽. 花岗岩力学特性的温度效应试验研究[J]. 岩土力学，2011，32(8)：2346-2352.
[95] 贺晶晶，师俊平. 冻融后不同含水状态砂岩的剪切破坏特性[J]. 岩石力学与工程学报，2018，37(6)：1350-1358.
[96] 李小双. 高温后粗砂岩力学性质试验研究[D]. 焦作：河南理工大学，2008.
[97] 姚孟迪. 热损伤岩石力学特性及裂纹扩展试验研究[D]. 武汉：武汉大学，2017.
[98] 刘旭阳，陈有亮，徐培. 热处理后白砂岩物理力学参数的变化规律[J]. 水资源与水工程学报，2016，27(5)：214-219.
[99] 陈栋，王恩元，李楠，等. 石膏和砂岩试件损伤破裂及声发射时空演化规律研究[J]. 煤炭学报，2018，43(7)：1902-1909.
[100] GLOVER P W J，BAUD P，DAROT M，et al. α/β phase transition in quartz monitored using acoustic emissions[J]. Geophysical journal international，1995，120(3)：775-782.
[101] 郤保平，吴阳春，王帅，等. 青海共和盆地花岗岩高温热损伤力学特性试验研究[J]. 岩石力学与工程学报，2020，39(1)：69-83.
[102] 陈有亮，邵伟，周有成. 高温作用后花岗岩力学性能试验研究[J]. 力学季刊，2011，32(3)：397-402.
[103] 徐小丽，高峰，张志镇. 高温作用对花岗岩强度及变形特性的影响[J]. 广西大学学报(自然科学版)，2013，38(4)：912-917.
[104] ZHAO J，LI H B. Experimental determination of dynamic tensile properties of a granite[J]. International journal of rock mechanics and mining sciences，2000，37(5)：861-866.
[105] YAVUZ H，DEMIRDAG S，CARAN S. Thermal effect on the physical properties of carbonate rocks[J]. International journal of rock mechanics and mining sciences，2010，47(1)：94-103.
[106] 袁璞，马芹永. 干湿循环条件下煤矿砂岩分离式霍普金森压杆试验研究[J]. 岩土力学，2013，34(9)：2557-2562.
[107] 张玉良，孙强，李进学，等. 高温焙烧后黏土孔隙与力学特征研究[J]. 岩石力学与工程学报，2015，34(7)：1480-1488.
[108] ZHANG Q B，ZHAO J. Determination of mechanical properties and full-field strain measurements of rock material under dynamic loads[J].

International journal of rock mechanics and mining sciences, 2013, 60: 423-439.

[109] PENG H H, FAN J Y, ZHANG X, et al. Computed tomography analysis on cyclic fatigue and damage properties of rock salt under gas pressure[J]. International journal of fatigue, 2020, 134: 105523.

[110] 谢凯楠,姜德义,蒋翔,等. 页岩巴西劈裂试验的能量分布与临界特征分析[J]. 煤炭学报,2017,42(3):613-620.

[111] 张树文,鲜学福,周军平,等. 基于巴西劈裂试验的页岩声发射与能量分布特征研究[J]. 煤炭学报,2017,42(增刊2):346-353.

[112] 姜德义,谢凯楠,蒋翔,等. 页岩单轴压缩破坏过程中声发射能量分布的统计分析[J]. 岩石力学与工程学报,2016,35(增刊2):3822-3828.

[113] 齐群,包含,晏长根,等. 黑云母石英片岩巴西劈裂试验的破坏特征研究[J]. 三峡大学学报(自然科学版),2019,41(6):65-70.

[114] 王崔林,许强,刘文德. 不同加载模式下岩石声发射及其分形特征分析[J]. 水力发电,2019,45(4):33-38,115.

[115] BOHLOLI B. Effects of the geological parameters on rock blasting using the Hopkinson split bar[J]. International journal of rock mechanics and mining sciences, 1997, 34(3/4): 32. e1-32. e9.

[116] WONG L N Y, ZOU C J, CHENG Y. Fracturing and failure behavior of Carrara marble in quasistatic and dynamic Brazilian disc tests[J]. Rock mechanics and rock engineering, 2014, 47(4): 1117-1133.

[117] 张玉良. 冷热循环后岩石物理力学性质研究[D]. 徐州:中国矿业大学,2018.

[118] HEUZE F E. High-temperature mechanical, physical and thermal properties of granitic rocks: a review[J]. International journal of rock mechanics and mining sciences & geomechanics abstracts, 1983, 20(1): 3-10.

[119] SUN Q, ZHANG Z, XUE L. Physico-mechanical properties variation of rock with phase transformation under high temperature[J]. Chinese journal of rock mechanics and engineering, 2013, 32(5): 935-942.

[120] KONG B, WANG E Y, LI Z H, et al. Fracture mechanical behavior of sandstone subjected to high-temperature treatment and its acoustic emission characteristics under uniaxial compression conditions[J]. Rock mechanics and rock engineering, 2016, 49(12): 4911-4918.

[121] 牛传星,付厚利,秦哲,等. 温度周期循环作用下岩石损伤特性的试验研

究[J]. 长江科学院院报,2017,34(4):78-82.

[122] WANG P,XU J Y,FANG X Y,et al. Energy dissipation and damage evolution analyses for the dynamic compression failure process of red-sandstone after freeze-thaw cycles[J]. Engineering geology,2017,221:104-113.

[123] ZHANG W Q,SUN Q,HAO S Q,et al. Experimental study on the variation of physical and mechanical properties of rock after high temperature treatment[J]. Applied thermal engineering,2016,98:1297-1304.

[124] 田文岭. 高温处理后花岗岩力学行为与损伤破裂机理研究[D]. 徐州:中国矿业大学,2019.

[125] FENG G,KANG Y,MENG T,et al. The influence of temperature on mode Ⅰ fracture toughness and fracture characteristics of sandstone [J]. Rock mechanics and rock engineering,2017,50(8):2007-2019.

[126] SUN Z D, SONG X M, FENG G, et al. Experimental study on the fracture behavior of sandstone after $ScCO_2$-water-rock interaction[J]. Journal of natural gas science and engineering,2019,68:102904.

[127] FENG G,KANG Y,CHEN F,et al. The influence of temperatures on mixed-mode (Ⅰ+Ⅱ) and mode-Ⅱ fracture toughness of sandstone[J]. Engineering fracture mechanics,2018,189:51-63.

[128] 左建平,黄亚明,刘连峰. 含偏置缺口玄武岩原位三点弯曲细观断裂研究[J]. 岩石力学与工程学报,2013,32(4):740-746.

[129] YU Q L, RANJITH P G, LIU H Y, et al. A mesostructure-based damage model for thermal cracking analysis and application in granite at elevated temperatures[J]. Rock mechanics and rock engineering,2015,48(6):2263-2282.

[130] ZUO J P,WANG X S,MAO D Q. SEM in situ study on the effect of offset-notch on basalt cracking behavior under three-point bending load [J]. Engineering fracture mechanics,2014,131:504-513.

[131] ZUO J P,WANG X S,MAO D Q,et al. T-M coupled effects on cracking behaviors and reliability analysis of double-notched crustal rocks[J]. Engineering fracture mechanics,2016,158:106-115.

[132] ZUO J P,YAO M H,LI Y J,et al. Investigation on fracture toughness and micro-deformation field of SCB sandstone including different inclination angles cracks[J]. Engineering fracture mechanics,2019,208:

27-37.
[133] 左建平,周宏伟,范雄,等.三点弯曲下热处理北山花岗岩的断裂特性研究[J].岩石力学与工程学报,2013,32(12):2422-2430.
[134] TUĞRUL A,ZARIF I H. Correlation of mineralogical and textural characteristics with engineering properties of selected granitic rocks from Turkey[J]. Engineering geology,1999,51(4):303-317.
[135] PŘIKRYL R. Some microstructural aspects of strength variation in rocks[J]. International journal of rock mechanics and mining sciences, 2001,38(5):671-682.
[136] 孟召平,彭苏萍,傅继彤.含煤岩系岩石力学性质控制因素探讨[J].岩石力学与工程学报,2002,21(1):102-106.
[137] 孟召平,彭苏萍,屈洪亮.煤层顶底板岩石成分和结构与其力学性质的关系[J].岩石力学与工程学报,2000,19(2):136-139.
[138] 许尚杰,尹小涛,党发宁.晶体及矿物颗粒大小对岩土材料力学性质的影响[J].岩土力学,2009,30(9):2581-2587.
[139] 陈沙,岳中琦,谭国焕.基于真实细观结构的岩土工程材料三维数值分析方法[J].岩石力学与工程学报,2006,25(10):1951-1959.
[140] 徐金明,谢芝蕾,贾海涛.石灰岩细观力学特性的颗粒流模拟[J].岩土力学,2010,31(增刊2):390-395.
[141] 陈从新,刘秀敏,刘才华.数字图像技术在岩石细观力学研究中的应用[J].岩土力学,2010,31(增刊1):53-61.
[142] 张文杰,曾远,缪宁.岩石均匀度对岩石本构关系影响的细观模拟研究[J].华北水利水电学院学报,2007,28(6):60-62.
[143] 于庆磊,杨天鸿,郑超,等.岩石细观结构对其变形强度影响的数值分析[J].岩土力学,2011,32(11):3468-3472.
[144] BAUER S J,JOHNSON B. Effects of slow uniform heating on the physical properties of the Westerly and Charcoal granites[C]//Proceedings of 20th US symposium on rock mechanics (USRMS),June 4-6,1979,Austin,Texas. [S. l.]:American Rock Mechanics Association,1979:79-0007.
[145] PENG J,RONG G,TANG Z C,et al. Microscopic characterization of microcrack development in marble after cyclic treatment with high temperature[J]. Bulletin of engineering geology and the environment, 2019,78(8):5965-5976.

[146] ALM O,JAKTLUND L L,KUO S Q. The influence of microcrack density on the elastic and fracture mechanical properties of Stripa granite[J]. Physics of the earth and planetary interiors,1985,40(3):161-179.
[147] ZHANG Z X,YU J,KOU S Q,et al. Effects of high temperatures on dynamic rock fracture[J]. International journal of rock mechanics and mining sciences,2001,38(2):211-225.
[148] RONG G,PENG J,CAI M,et al. Experimental investigation of thermal cycling effect on physical and mechanical properties of bedrocks in geothermal fields[J]. Applied thermal engineering,2018,141:174-185.
[149] 孟涛,胡耀青,付庆楠,等.层状盐岩石膏夹层在腐蚀条件下断裂韧度试验及其弱化机制研究[J].岩土力学,2017,38(7):1933-1942.
[150] ZHU S Y,ZHANG W Q,SUN Q,et al. Thermally induced variation of primary wave velocity in granite from Yantai: experimental and modeling results[J]. International journal of thermal sciences,2017,114:320-326.
[151] LIU W,ZHANG Z X,CHEN J,et al. Physical simulation of construction and control of two butted-well horizontal cavern energy storage using large molded rock salt specimens[J]. Energy,2019,185:682-694.
[152] 丁自伟,李小菲,唐青豹,等.砂岩颗粒孔隙分布分形特征与强度相关性研究[J].岩石力学与工程学报,2020,39(9):1787-1796.
[153] 王登科,曾凡超,王建国,等.显微工业 CT 的受载煤样裂隙动态演化特征与分形规律研究[J].岩石力学与工程学报,2020,39(6):1165-1174.
[154] 付裕,陈新,冯中亮.基于 CT 扫描的煤岩裂隙特征及其对破坏形态的影响[J].煤炭学报,2020,45(2):568-578.
[155] 崔中兴,仵彦卿,蒲毅彬,等.渗流状态下砂岩的三维实时 CT 观测[J].岩石力学与工程学报,2005,24(8):1390-1395.
[156] 王朋.化学-温度-应力耦合作用对岩石力学性能的影响[D].上海:上海理工大学,2013.